◀科学。奥妙无穷

不可不知的
生物知识

BUKEBUZHIDE
SHENGWUXUEZHISHI

于川 张玲 刘小玲 编著

中国出版集团
现代出版社

生物的基本知识

生物的共性　/ 6

生物的基本特征　/ 7

生物的结构基础　/ 9

生物的物质基础　/ 11

生物分类　/ 14

静态的生命——植物　/ 16

植物的特点　/ 18

光合作用　/ 20

呼吸作用　/ 22

植物也有脉搏　/ 24

植物之最　/ 25

植物的用途　/ 40

满足你的好奇心　/ 42

冬天树叶落地时为什么一般正面对地　/ 42

秋天的绿叶为什么会变色　/ 44

剥切洋葱时为什么会流泪　/ 46

为什么受伤的水果会变黑　/ 47

大豆为什么被称为"豆中之王" / 47

吃菠萝为什么要蘸盐水 / 48

春天的萝卜为什么会糠 / 48

电信草为什么会跳舞 / 49

果实成熟后为什么会掉下来 / 50

为什么荷叶遇雨结水珠 / 50

"五谷"是哪五种农作物 / 51

世界四大水果是哪几种 / 51

可爱的生灵——动物 / 52

动物概念 / 53

动物种类 / 54

动物中的数学家 / 58

动物之最 / 60

动物行为 / 62

动物思维 / 63

满足你的好奇心 / 64

动物的尾巴有什么作用 / 64

为什么有淡水鱼和咸水鱼之分 / 65

为什么兔子的耳朵很长 / 66

萤火虫为什么会发光 / 66

　　长颈鹿的脖子为什么那么长 / 67
　　蜜蜂是怎样学习飞行的 / 68
　　鱼真的不睡觉吗 / 69
　　动物为什么不会迷失方向 / 70
　　海鸥为什么总追着轮船飞 / 71
　　蚂蚁从高处落下来为什么摔不死 / 72
　　被疯狗咬伤怎么办 / 72
　　螃蟹为什么横着走 / 73
　　为什么能用鸽子送信 / 74
　　动物中的十大致命杀手 / 75
　　为什么许多动物在水面或墙面上如走平地 / 80
　　为什么动物对地震比人类更敏感 / 81
　　啄木鸟为什么不头疼 / 83

近在咫尺——人体 / 86

　　人体结构 / 88
　　人体24小时 / 90
　　人体比例关系 / 92
　　人体的八大系统 / 95
　　人体的神经 / 96
　　人体器官衰老 / 98

满足你的好奇心 / 102

人为什么能感到鲜味 / 102
人为什么会感觉到冷 / 103
打哈欠会"传染"吗 / 104
牙齿是怎样分类的 / 105
为什么脑子会越用越灵 / 108
为什么要限制儿童看电视 / 109
皮肤是怎样保持柔软和弹性的 / 110
宝宝为什么总流口水 / 111
为什么紧张运动后，肌肉会抽搐 / 112
为什么头发会脱落 / 114
人为什么会出汗 / 115
为什么精神紧张时手心会出汗 / 117
人为什么会打嗝 / 118
人为什么会"上火" / 120
人为什么要经常眨眼 / 122
人为什么会长头发 / 124
胖人为什么更易饥饿 / 125
人为什么会发笑 / 126
为什么有的人眼球是蓝色的 / 127
女人为什么愿意忍受高跟鞋 / 128
为什么有些孩子说话晚 / 129

目录

不可不知的生物知识

● 生物的基本知识

生物的共性

至今还没有一个为大多数科学家所接受的关于生命的定义。但是从错综复杂的生命现象中，我们仍然可以找到生物的一些共性，即生命的基本特征：①除病毒外，均由细胞和细胞产物构成；②生命表现出严谨的结构性和高度的有序性；③具有新陈代谢作用；④具有应激性和适应性；⑤具有生长、发育、繁殖的特性；⑥具有遗传和变异的特征。生物是指能独立、自主生存的生命体。包括动物、植物和微生物等。

染色体
染色质纤维
核小体
组蛋白
核酸

生物的基本特征

- **具有共同的物质基础、结构基础**

物质基础：物质（主要为蛋白质与核酸）及元素（种类相同）组成上大体相同。

（1）化合物主要为蛋白质与核酸，其中蛋白质是生命活动的主要承担者，核酸是遗传信息的携带者（朊病毒的遗传物质是蛋白质），它们都是生命活动中重要的高分子物质。

（2）元素分为大量元素和微量元素，其中大量元素有C、H、O、N等，它们在生命活动中有很大作用；微量元素有Fe、Mn、Zn、Cu、B、Mo等，具有量小作用大的特点。

结构基础：除了病毒外，都由细胞构成（病毒则需要依赖活细胞才能进行生命活动）。

- **生物都有新陈代谢作用**

生物体同外界不断进行的物质和能量交换以及生物体内不断进行的物质和能量转化的过程，叫新陈代谢。新陈代谢是生命现象的最基本特征。新陈代谢是生命体不断进行自我更新的过程，如果新陈代谢停止了，生命也就结束了。

病毒也属于生物，是因为它能进行新陈代谢和繁殖后代，但不能独立完成（需要依赖活细胞）。

- **生物能对外界的刺激做出反应**

应激性是生物的基本特征之一，体

不可不知的生物知识

现在生物能对外界刺激做出反应,而反射则是应激性的一种高级形式,两者主要区别在于是否有神经系统参与。病毒无细胞结构,不能独立生活(寄生在活细胞内),没有酶系统、供能系统,没有合成新物质所需原料等。可以说,病毒无应激性可言。

• 生物能生长、繁殖和发育

病毒之所以属于生物,是因为它具有生长、繁殖和发育的特征(但不能独立完成,需要依赖寄主细胞)。

• 生物有遗传和变异的特征

遗传是物种稳定的基础,变异是产生进化的原材料。

• 生物能适应环境,改变环境

适应环境的:如枯叶蝶伪装成枯叶的样子,躲避天敌;草履虫的趋利避害;长期生活在地下的鼹鼠视力退化;食蚁兽的舌头又细又长又黏等。

改变环境的:如人类对大自然的开发利用;分解者将动、植物尸体分解后把一些物质返回到自然界中。

生物的结构基础

- **细胞**

  细胞是生物体结构和功能的基本单位。细胞是生命系统结构层次的基石，离开细胞，就没有神奇的生命乐章，更没有地球上那瑰丽的生命画卷。从生物圈到细胞，生命系统层层相依，又有各自特定的组成、结构和功能。

- **细胞的分类**

  原核细胞

  一类没有成形细胞核（没有以核膜为界限的细胞核）的细胞。其细胞核为拟核，DNA不与蛋白质结合，在细胞里盘曲折叠。仅含有核糖体。一般以裂殖方式增殖。主要有：细菌、蓝藻、放线菌、支原体和衣原体等。由原核细胞构成的生物称为原核生物。

  真核细胞

  一类含有细胞核（有以核膜为界限的细胞核）的细胞。其染色体数在一个以上，能进行有丝分裂。还能进行原生质流动和

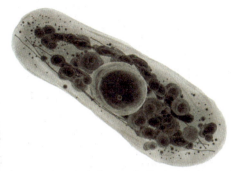

变形运动。光合作用和氧化磷酸化作用则分别由叶绿体和线粒体进行，主要有：动物、大部分植物、原生生物、真菌等。由真核细胞构成的生物称为真核生物。

古细菌：有时也称为"第三类生物"

古细菌，原来曾归入原核生物的细菌域，现在已经分出。往往生存在其他两域生物无法生存的极端环境中。具有原核生物的某些特征，如无核膜及内膜系统；也有真核生物的特征，如以甲硫氨酸起始蛋白质的合成，核糖体对氯霉素不敏感，RNA聚合酶和真核细胞的相似，DNA具有内含子并结合组蛋白；此外还具有既不同于原核细胞也不同于真核细胞的特征。

- **细胞的构成**

  细胞主要由细胞膜、细胞核、细胞质这3种基本结构构成。而真核生物与原核生物的主要区别是有无以核膜为界限的细胞核。

  细胞的边界保卫——细胞膜

  细胞作为一个基本的生命系统，它的边界就是细胞膜。

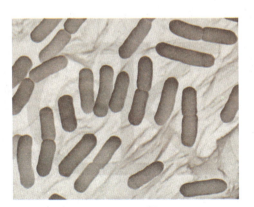

不可不知的生物知识

细胞内的工厂——细胞器

真核细胞与原核细胞（仅含有一种细胞器）均含有核糖体，而真核细胞则含有其他细胞器，如：内质网、高尔基体（在动物细胞中与细胞分泌物有关，在植物细胞中主要与细胞壁形成有关）、线粒体、叶绿体、溶酶体、质体（叶绿体属于质体中的有色体，还包括白色体）、微体、液泡、细胞骨架（微管、微丝、肌动蛋白丝）及中心体（只存在于低级植物细胞和动物细胞中，与细胞的有丝分裂有关）。

细胞的调控中心——细胞核

细胞核是遗传信息库，是细胞新陈代谢和遗传的控制中心。

谁发现了细胞

细胞（cells）是由英国科学家罗伯特·虎克于1665年发现的。当时他用自制的光学显微镜观察软木塞的薄切片，放大后发现一格一格的小空间，就以英文的cell命名之，而这个英文单词的意义本身就有小房间一格一格的用法，所以并非另创的字汇。而这样观察到的细胞早已死亡，仅能看到残存的植物细胞壁，虽然他并非真的看见一个生命的单位（因为无生命迹象），后世的科学家仍认为其功不可没，一般而言还是将他视为发现细胞的第一人。事实上真正首先发现活细胞的，是荷兰生物学家列文虎克。1674年，列文虎克以自制的镜片，在雨水乃至于他自己的唾液中发现微生物，他也是历史上可找到的第一个发现细菌的业余科学家。

罗伯特·虎克

生物的物质基础

- 元素
- 大量元素

构成细胞的大量元素是 C、H、O、N、P、S、K、Ca、Mg 等，这些元素有些是细胞的组成物质，有些则是维持细胞正常生命活动所必需的物质。例如：C、H、O 和 N 都是构成生命体物质的必需元素，它们均是构成蛋白质的必要成分。蛋白质则是原生质的主要构成成分，可以说没有蛋白质就没有生命，P 和 S 也是细胞生命物质的重要组成成分。核酸和磷脂这些重要化合物均含有 P，P 还参与细胞的能量代谢。

- 微量元素

构成细胞的微量元素是 Fe、Mn、Zn、Cu、B（硼）、Mo（钼）等，它们的含量虽然很少，但同样也是维持生物体正常生命活动和生理功能所需的物质。例如：B 能促进花粉的萌发和花粉管的伸长，缺乏 B 会导致花而不实；Fe 是构成血红蛋白的元素，缺铁会导致营养不良性贫血。

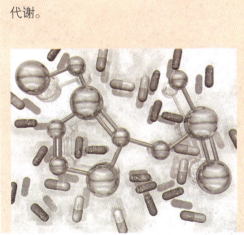

- **化学成分**

一切生命活动与细胞的化学成分密切相关。但组成它们的蛋白质的元素、原子，乃至分子本身都不属于生命系统。

总述：细胞的化学成分主要指构成细胞的各种化合物。这些化合物包括无机物和有机物。一般指含碳氢的化合物及其衍生物就叫有机物（碳酸盐除外），如：淀粉、氨基酸、氨基酸盐、核酸等；无机物主要是水、无机盐和气体单质。各种物质在活细胞中的含量从少到多的正常排序是：糖类和核酸（占1%~1.5%）、无机盐（占1%~1.5%）、脂质（占1%~2%）、蛋白质（占7%~10%）、水（占85%~90%）。

- **无机物**

无机盐

无机盐是维持生物体正常生命活动和生理功能不可或缺的成分。其生理功能有：①细胞内某些复杂的化合物的重要组成部分；②参与并维持生物体的代谢活动；③维持生物体内的平衡（渗透压平衡、酸碱平衡、离子平衡）。例如：兴奋的传递就需要神经元上的内外钾、钠离子浓度的改变产生动作电位。

水

水是生命之源，生物需要依赖水才能得以生存。

- 生理活性物质

凡是对人或动物生理现象产生影响的活性物质，统称为生理活性物质。例如神经传递物质乙酰胆碱、神经生长因子、多肽、多糖、多种活性酶、酶元等都是生理活性物质，辅酶等都是生理活性物质的组成部分。

- 有机物

糖类
糖类是生物体主要的能源物质

核酸
核酸是遗传信息的携带者

脂质
脂质中的脂肪是主要储能物质

蛋白质
蛋白质是生命活动的主要承担者

不可不知的生物知识

生物分类

生物的基本分类层次：界、门、纲、目、科、属、种。

生物的详细分类层次：域、界、门、亚门、总纲、纲、亚纲、总目、目、亚目、总科、科、亚科、总属、属、亚属、总种、种、亚种。

种是最小的生物单位。生物的相同科、目越多，共同点也越多。域是生物分类法中最高的类别，作为比界高的分类系统，称作"域"或者"总界"。目前这三域分别命名为细菌域、古菌域和真核域。生物由原核生物、真核生物及非细胞生物组成，包括动物、植物、细菌、真菌、病毒等，其特征是可以进行新陈代谢。

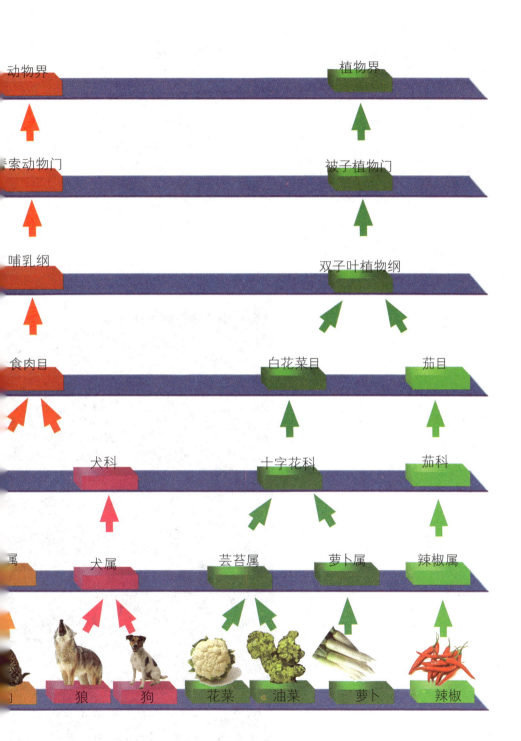

不可不知的生物知识

● 静态的生命——植物

植物是生命的主要形态之一，包含了如树木、灌木、藤类、青草、蕨类、地衣及绿藻等生物。种子植物、苔藓植物、蕨类植物和拟蕨类等植物中，据估计现存大约有350 000个物种。直至2004年，其中的287 655个物种已被确认，有258 650种开花植物15 000种苔藓植物。绿色植物大部分的能源是经由光合作用从太阳光中得到的。

植物，种子植物又分为裸子植物和被子植物，有30多万种。植物出现在25亿年前（元古代），地球史上最早出现的植物属于菌类和藻类，其后藻类一度非常繁盛。直到4.38亿年前（志留纪），绿藻摆脱了水域环境的束缚，首次登陆大地，进化为蕨类植物，为大地首次添上绿装。3.6亿年前（石炭纪），蕨类植物绝种，代之而起是石松类、楔叶类、真蕨类和种子蕨类，形成沼泽森林。古生代盛产的主要植物于2.48亿年前（三叠纪）几乎全部灭绝，而裸子植物开始兴起，进化出花粉管，并完全摆脱对水的依赖，形成茂密的森林。在距今1.4亿年前白垩纪开始的时候，更新、更进步的被子植物就已经从某种裸子植物当中分化出来。进入新生代以后，由于地球环境由中生代的全球均

一性热带、亚热带气候逐渐变成在中、高纬度地区四季分明的多样化气候，蕨类植物因适应性的欠缺进一步衰落，裸子植物也因适应性的局限而开始走上了下坡路。这时，被子植物在遗传、发育的过程中以及茎叶等结构上的进步，尤其是它们在花这个繁殖器官上所表现出的巨大进步发挥了作用，使它们能够通过本身的遗传变异去适应那些变得严酷的环境条件，反而发展得更快，分化出更多类型，到现代已经有了90多个目、200多个科。正是被子植物的花开花落，才把四季分明的新生代地球装点得分外美丽。

不可不知的生物知识

植物的特点

植物具有光合作用的能力——就是说它可以借助光能及动物体内所不具备的叶绿素,利用水、矿物质和二氧化碳进行光合作用,释放氧气,产生葡萄糖——含有丰富能量的物质,供植物体利用。植物的叶绿素含有镁。植物细胞有明显的细胞壁和细胞核,其细胞壁由葡萄糖聚合物——纤维素构成。所有植物的祖先都是单细胞非光合生物,它们吞食了光合细菌,二者形成一种互利关系:光合细菌生存在植物细胞内(即所谓的内共生现象)。最后细菌蜕变成叶绿体,它是一种在所有植物体内都存在却不能独立生存的细胞器。植物通常是不运动的,因为它们不需要寻找食物。大多数植物都属于被子植物门,是有花植物,其中还包括多种树木。

光合作用

绿色植物光合作用是地球上最为普遍、规模最大的反应过程，在有机物合成、蓄积太阳能量和净化空气，保持大气中氧气含量和碳循环的稳定等方面起很大作用，是农业生产的基础，在理论和实践上都具有重大意义。据计算，整个世界的绿色植物每天可以产生约4亿吨的蛋白质、碳水化合物和脂肪，与此同时，还能向空气中释放出5亿多吨的氧，为人和动物提供了充足的食物和氧气。

叶片是进行光合作用的主要器官，叶绿体是光合作用的重要细胞器。高等植物的叶绿体色素包括叶绿素（a和b）和类胡萝卜素（胡萝卜素和叶黄素），它们分布在光合膜上。叶绿素的吸收光谱和荧光现象，说明它可吸收光能、被光激发。叶绿素的生物合成在光照条件下形成，既受遗传制约，又受到光照、温度、矿质营养、水和氧气等的影响。

光合作用包括光反应过程、光合碳同化两个相互联系的步骤。光反应过程包括原初反应和电子传递与光合磷酸化

两个阶段，其中前者进行光能的吸收、传递和转换，把光能转换成电能，后者则将电能转变为ATP和NADPH2（合称同化力）这两种活跃的化学能。

植物光合速率因植物种类品种、生育期、光合产物积累等的不同而异，也受光照、CO_2、温度、水分、矿质元素、O_2等环境条件的影响。这些环境因素对光合的影响不是孤立的，而是相互联系、共同作用的。在一定范围内，各种条件越适宜，光合速率就越快。目前植物光能利用率还很低。作物现有的产量与理论值相差甚远，所以增产潜力很大。要提高光能利用率，就应减少漏光等造成的光能损失和提高光能转化率，主要通过适当增加光合面积、延长光合时间、提高光合效率、提高经济产量系数和减少光合产物消耗等方法来实现。改善光合性能是提高作物产量的根本途径。

叶绿体示意图

光合作用示意图

呼吸作用

呼吸作用是高等植物代谢的重要组成部分,与植物的生命活动关系密切。生物体内的有机物在细胞内通过呼吸作用将物质不断分解,为植物体内的各种生命活动提供所需能量和合成重要有机物的原料,同时还可增强植物的抗病力。呼吸作用是植物体内代谢的枢纽。

呼吸作用根据是否需氧,分为有氧呼吸和无氧呼吸两种类型。在正常情况下,有氧呼吸是高等植物进行呼吸的主要形式,但在缺氧条件和特殊组织中植物可进行无氧呼吸,以维持代谢的进行。

呼吸代谢可通过多条途径进行,其多样性是植物长期进化中形成的一种对多变环境的适应性表现。EMP-TCA循

环是植物体内有机物氧化分解的主要途径,而PPP等途径在呼吸代谢中也占有重要地位。

呼吸底物彻底氧化,最终释放CO_2和产生水,同时将底物中的能量转化成ATP形式的活跃活化能。EMP-TCA循环中只有CO_2和少量ATP的形成。而绝大部分能量还贮存于NADH和FADH2中。这些物质经过呼吸链上的电子传递和氧化磷酸化作用,将部分能量贮存于ATP中,这是贮存呼吸释放能量的主要形式。

植物呼吸代谢受内外多种因素的影响。呼吸作用影响着植物生命活动的进行,因而与作物栽培、育种和种子、果蔬、块根、块茎的贮藏及切花保鲜有着密切关系。人类可利用呼吸作用的相关知识,调整呼吸速率,使其更好地为生产和生活服务。

植物也有脉搏

近年，一些植物学家在研究植物树干增粗速度时发现，它们都有着自己独特的"情感世界"，还具有明显的规律性。植物树干有类似人类"脉搏"一张一缩跳动的奇异现象，或许有一些人会问，植物的"脉搏"究竟是怎么回事？

每逢晴天丽日，太阳刚从东方升起时，植物的树干就开始收缩，一直延续到夕阳西下。到了夜间，树干停止收缩，开始膨胀，并且会一直延续到第二天早晨。植物这种日细夜粗的搏动，每天周而复始，但每一次搏动，膨胀总略大于收缩。于是，树干就这样逐渐增粗长大了。可是，遇到下雨天，树干"脉搏"几乎完全停止。降雨期间，树干总是不分昼夜地持续增粗，直到雨后转晴，树干才又重新开始收缩，这算得上是植物"脉搏"的一个"病态"特征。

如此奇怪的脉搏现象，是植物体内水分运动引起的。经过精确的测量，科学家发现，当植物根部吸收水分与叶面蒸腾的水分一样多时，树干基本上不会发生粗细变化。但如果吸收的水分超过蒸腾水分时，树干就要增粗，相反，在缺水时树干就会收缩。

了解了这个道理，植物"脉搏"就很容易理解了。在夜晚，植物气孔总是关闭着的，这使水分蒸腾大大减少，所以树就增粗。而白天，植物的大多数气孔都开放，水分蒸腾增加，树干就趋于收缩。相当多木本植物都有这种现象，但是"脉搏"现象特别明显的还当属一些速生的阔叶树种。

植物之最

• 陆地上最长的植物

在非洲的热带森林里,生长着参天巨树和奇花异草,也有绊你跌跤的"鬼索",这就是在大树周围缠绕成无数圈的白藤。

白藤也叫省藤,中国云南也有出产。藤椅、藤床、藤篮、藤书架等,都是以白藤为原料加工制成的。

白藤茎干一般很细,有小酒盅口那样粗,有的还要细些。它的顶部长着一束羽毛状的叶,叶面长尖刺。茎的上部直到茎梢又长又结实,长满又大又尖往下弯的硬刺。它像一根带刺的长鞭,随风摇摆,一碰上大树,就紧紧地攀住树干不放,并很快长出一束又一束新叶。接着它就顺着树干继续往上爬,而下部的叶子则逐渐脱落。白藤爬上大树顶后,还是一个劲地长,可是已经没有什么可以攀缘的了,于是它那越来越长的茎就往下堕,以大树做支柱,在大树周围缠绕成无数怪圈。

白藤从根部到顶部,达 300 米,比世界上最高的桉树还长一倍呢。白藤长度的最高纪录竟达 400 米。

• 开花最晚的植物

世界上开花最晚的植物是拉蒙弟凤梨,它的出产地是南美洲国家玻利维亚,它要生长 150 年后才开出花序,花序呈圆锥状。拉蒙弟凤梨一生只开一次花,开花后意味着它将枯萎死去。

不可不知的生物知识

• 最高的树

如果举办世界树木界高度竞赛的话，那只有澳洲的杏仁桉树才有资格得冠军。杏仁桉树一般高达100米，其中有一株，高达156米，树干直插云霄，有50层楼那样高。在人类已测量过的树木中，它是最高的一株。鸟在树顶上歌唱，在树下听起来，就像蚊子的嗡嗡声一样。这种树基部周长达30米，树干笔直，向上则明显变细，枝和叶密集生在

树的顶端。叶子生得很奇怪，一般的叶是表面朝天，而它是侧面朝天，像挂在树枝上一样，与阳光的投射方向平行。这种古怪的长相是为了适应气候干燥、阳光强烈的环境，减少阳光直射，防止水分过分蒸发。

• 中国最高大的阔叶树

中国著名的云南西双版纳热带密林中，在20世纪70年代发现了一种擎天巨树，它那秀美的姿态，高耸挺拔的树干，昂首挺立于万木之上，使人无法仰望见它的树顶，甚至灵敏的测高器在这里也无济于事。因此，人们称它为望天树。当地傣族人民称它为"伞树"。

望天树一般可高达60米左右。人们曾对一棵望天树进行测量和分

析，发现生长相当快，一棵70岁的望天树，竟高达50多米。个别的甚至高达80米，胸径一般在130厘米左右，最大可到300厘米。望天树属于龙脑香科，柳安属。柳安属这个家族，共有11名成员，大多居住在东南亚一带。望天树只生长在中国云南，是中国特产的珍稀树种。望天树高大通直，叶互生，有羽状脉，黄色花朵排成圆锥花序，散发出阵阵幽香。其果实坚硬。望天树一般生长在海拔700~1000米的沟谷雨林及山地雨林中，形成独立的群落类型，展示着奇特的自然景观。因此，学术界把它视为热带雨林的标志树种。

望天树材质优良，生长迅速，生产力很高，一棵望天树的主干材积可达10.5立方米，单株年平均生长量0.085立方米，是同林中其他树种的2~3倍。因此是很值得推广的优良树种。同时，它的木材中含有丰富的树胶，花中含有香料油，以及还有许多其他未知成分，尚待我们进一步分析研究和利用。

由于望天树具有如此高的科学价值和经济价值，而它的分布范围又极其狭窄，所以被列为中国的一级保护植物。望天树还有一个极亲的"孪生兄弟"，名为擎天树。它其实是望天树的变种，也是在20世纪70年代于广西发现的。这擎天树的外形与其兄弟极其相似，也异常高大，常达60~65米，光枝下高就有30多米。其材质坚硬、耐腐性强，而且刨切面光洁，纹理美观，具有极高的经济价值和科学研究价值。擎天树仅仅发现生长在广西的弄岗自然保护区，因此同样受到严格的保护。

不可不知的生物知识

最矮的树

一般的树木能长到 20~30 米高。可在温带树林，生长着一种小灌木，叫紫金牛，绿叶红果，人们都很喜爱它，常常把它作为盆景。它长得最高也不过 30 厘米，因此，大家给它起一个绰号，叫它"老勿大"。

其实"老勿大"比起世界最矮的树来，要高 6 倍。这最矮的树叫矮柳，生长在高山冻土带。它的茎匍匐在地面上，抽出枝条，长出像杨柳一样的花序，高不过 5 厘米。如果拿杏仁桉的高度与矮柳相比，一高一矮相差 15 000 倍。与矮柳差不多高的矮个子树，还有生长在北极圈附近高山上的矮北极桦，据说那里的蘑菇，长得比矮北极桦还要高。

高山植物为什么长不高呢？因为那里的温度极低，空气稀薄，风又大，阳光直射，所以，只有那些矮小的植物才能适应这种环境。

最粗的树

在欧洲有这样一个有趣的传说：古代阿拉伯国王和王后，一次带领百骑人马，到地中海的西西里岛的埃特纳山游览，忽然天下大雨，百骑人马马上躲避到一颗大栗树下，树荫正好给他们遮住雨。因此，国王把这棵大栗树命名为"百骑大栗树"。

据国外 1972 年报道，在西西里岛的埃特纳山边，的确有一棵叫"百马树"的大栗树，树干的周长竟有 55 米左右，直

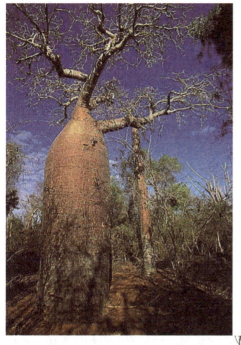

福尼亚的巨杉，长得又高又胖，是树木中的"巨人"，所以又名世界爷。

这种树平均高度在100米左右，其中最高的一棵有142米，直径有12米，树干周长为37米，需要20来个成年人才能抱住它。它几乎上下一样粗，它已经活了3 500多年。人们从树干下剖开一个洞，汽车可以通过，或者让4个骑马的人并排走过。即使把树锯倒以后，人们也要用长梯子才能爬到树干上去。如果把树干挖空，人可以走进去60米，再从树桠杈洞里钻出来。它的树桩，大得可以做个小型舞台。

径竟然达到17.5米，需30多个人手拉着手，才能围住它。即使是赫赫有名的非洲猴面包树和其相比，也只不过是小巫见大巫。树下部有大洞，采栗的人把那里当宿舍或仓库用。这的确是世界上最粗的树。栗树的果实栗子，是人们喜爱的一种食物，富含丰富的淀粉、蛋白质和糖分，营养价值很高，无论生食、炒食、煮食、烹调做菜都适宜，不仅味甜可口，又有滋脾补肝、强壮身体的医疗作用。

- **体积最大的树**

地球上的植物，有的个体非常微小，有的个体却很庞大。像美国加利

不可不知的生物知识

杏仁桉虽然比巨杉高，但它是个瘦高个，论体积它没有巨杉那样大，所以巨杉是世界上体积最大的树。地球上再也没有体积比它更大的植物了。巨杉的经济价值也较大，是枕木、电线杆和建筑上的良好材料。巨杉的木材不易着火，有防火的作用。

- 树冠最大的树

俗话说，"大树底下好乘凉"。你知道什么树可供乘凉的人数最多？这要数孟加拉的一种榕树，它的树冠可以覆盖1公顷左右的土地，有一个半足球场那么大。

孟加拉榕树不但枝叶茂密，而且它能由树枝向下生根。这些根有的悬挂在半空中，从空气中吸收水分和养料，数以千计，这叫"气根"，又叫气生根。多数气根直达地面，扎入土中，起着吸收养分和支持树枝的作用。直立的气根，活像树干，一棵榕树最多的可有4000多根，从远处望去，像是一片树林。因此，当地人又称这种榕树为"独木林"。据说曾有一支六七千人的军队在一株大榕树下乘过凉。当地人还在一棵老的孟加拉榕树下，开办了一个人来人往、熙熙攘攘的市场。世界上再没有比这更大的树冠了。

- 最高的树篱

在房子、菜园、果园等周围，栽上一圈树木，好像围墙，这叫做树篱，或叫绿篱。人们常用花儿美丽的木槿、满身长刺的枸橘、四季常青的女贞以及秋后叶红的三角枫等树种作为树篱。木槿、枸橘是长不高的灌木，女贞、三角枫虽然能长高，但因栽得紧密，时常修剪，所以一

般也只有5~6米高。在英国苏格兰，用山毛榉树作为树篱，这种树修剪以后，仍有25米高，有的高达30米。这是世界上最高的树篱。

• 木材最轻的树

生长在美洲热带森林里的轻木，也叫巴沙木，是生长最快的树木之一，也是世界上最轻的木材。这种树四季常青，树干高大。叶子像梧桐，5片黄白色的花瓣像芙蓉花，果实裂开像棉花。我国台湾南部早就引种。1960年起，在广东、福建等地也都广泛栽培，并且长得很好。

轻木的木材，每立方厘米只有0.1克

不可不知的生物知识

重,是同体积水的重量的1/10。我们做火柴棒用的白杨还要比它重3.5倍。它的木材质地虽轻,可是结构却很牢固,因此是航空、航海以及做特种工艺的宝贵材料。当地的居民早就用做木筏,往来于岛屿之间。我国用它做保温瓶的瓶塞。

• 比钢铁还要硬的树

你也许没有想到会有一种比钢铁还硬的树吧?这种树叫铁桦树,属于桦木科桦木属。子弹打在这种木头上,就像打在厚钢板上一样,纹丝不动。

这种珍贵的树木,高约20米,树干直径约70厘米,寿命约300~350年。树皮呈暗红色或接近黑色,上面密布着白色斑点。树叶是椭圆形。它的产区不广,主要分布在朝鲜南部和朝鲜与中国接壤地区,俄罗斯南部滨海一带也有一些。铁桦树的木材坚硬,比橡树硬3倍,比普通的钢硬一倍,是世界上最硬的木材,人们把它用作金属的代用品。前苏联曾经用铁桦树制造滚球、轴承,用在快艇上。铁桦树还有一些奇妙的特性,由于它质地极为致密,所以一放到水里就往下沉;即使把它长期浸泡在水里,它的内部仍能保持干燥。

• 最不怕火烧的树

当你走向大森林时,远远便可看到"禁止烟火"的警示牌。因为树木容易着火,可以烧毁大片森林。但是,在我国南海一

带，生长着一种叫海松的树，用它的木材做烟斗，即使是成年累月地烟熏火烧，也烧不坏。当你用一根头发绕在烟斗柄上，用火柴去烧时，头发居然烧不断。因为海松的散热能力特别强，加上它木质坚硬，特别耐高温，所以不怕火烧。

• 流血的树

一般树木，在损伤之后，流出的树液是无色透明的。有些树木如橡胶树、牛奶树等可以流出白色的乳液，但你恐怕不知道，有些树木竟能流出"血"来。

我国广东、台湾一带，生长着一种多年生藤本植物，叫做麒麟血藤。它通常像蛇一样缠绕在其他树木上。它的茎长达10余米。如果把它砍断或切开一个口子，就会有像"血"一样的树脂流出来，干后凝结成血块状的东西。这是很珍贵的中药，称之为"血竭"或"麒麟竭"。经分析，血竭中含有鞣质、还原性糖和树脂类的物质，可治疗筋骨疼痛，并有散气、镇痛、祛风、通经活血之效。

麒麟血藤属棕榈科省藤属。其叶为羽状复叶，小叶为线状披针形，上有3条纵

不可不知的生物知识

行的脉。果实卵球形，外有光亮的黄色鳞片。除茎之外，果实也可流出血样的树脂。

无独有偶。在我国西双版纳的热带雨林中还生长着一种很普遍的树，叫龙血树，当它受伤之后，也会流出一种紫红色的树脂，把受伤部分染红，这块被染的坏死木，在中药里也称为"血竭"或"麒麟竭"与麒麟血藤所产的"血竭"具有同样的功效。

龙血树是属于百合科的乔木。虽不太高，约10多米，但树干异常粗壮，常常可达1米左右。它那带白色的长带状叶片，先端尖锐，像一把锋利的长剑，密密层层地倒插在树枝的顶端。

一般说来，单子叶植物长到一定程度之后就不能继续加粗生长了。龙血树虽属于单子叶植物，但它茎中的薄壁细胞却能不断分裂，使茎逐年加粗并木质化，而形成乔木。龙血树原产于大西洋的加那利群岛。全世界共有150种，我国只有5种，生长在云南、海南、台湾等地。龙血树还是长寿的树木，最长的可达6 000多岁。说来也巧，在我国云南和广东等地还有一种称作胭脂树的树木，如果把它的树枝折断或切开，也会流出像"血"一样的液汁。而且，其种子有鲜红色的肉质外皮，可做红色染料，所以又称红木。胭脂树属红木科红木属。为常绿小乔木，一般高3~4米，有的可到10米以上。其叶的大小、形状与向日葵叶相似。叶柄也很长，在叶背面有红棕色的小斑点。有趣的是，其花色有多种，有红色的，有白色的，也有蔷薇色的，十分美丽。红木连果实也是红色的，其外面密被着柔软的刺，里面藏着许多暗红色的种子。胭脂树围绕种子的红色果瓤可作为红色染料，用其浸染糖果；也可用于纺织，为丝棉等纺织品染色。其种子还可入药，为收敛退热剂。树皮坚韧，富含纤维，可制成结实的绳索。奇怪的是，如将其木材互相摩擦，还非常容易着火呢！

• 树木中的老寿星

俗话说："人生七十古来稀"，人活到百岁就算长寿了。但是人的年龄比起一些长寿的树木来，简直微不足道。

许多树木的寿命都在百年以上。杏树、柿树可以活100多年。柑、橘、板栗能活到300岁。杉树可活1 000岁。南京的一株六朝松已有1 400百年的历史了，但是，它并不算老。曲阜的桧柏还是2 400年前的老古董呢。台湾省阿里山的红桧，竟有3 000多年的历史。这是我国台湾活着的寿命最长的树。我国境内已知的活得最久的树是陕北黄帝陵中主庙前的黄帝手植柏，传说此树是黄帝亲手种下的，经过科学鉴定该树的树龄超过5 000年，和古代传说相比较，确实和黄帝处在同一年代。陕西人形容此树：七搂八扎半，疙里疙瘩

不可不知的生物知识

还不算。而黄帝陵中超过 3 000 年的古柏树有十几棵之多。

最古老的、仍存活的树是生长于美国的狐尾松,有些已经超过 4 000 岁了。巨型红杉能存活 5 000~6 000 年。世界上最长寿的树,要算非洲西部加那利岛上的一棵龙血树。500 多年前,西班牙人测定它大约有 8 000~10 000 岁。这才是世界树木中的老寿星。可惜在 1868 年的一次风灾中毁掉了,传说龙血树是巨龙与大象交战时流血浸染土地而生,并由此得名。龙血树暗红

色的树脂可用做防腐剂,还可做治疗筋骨疼痛的中药。

• 最短命的种子植物

自然界中,以种子繁殖的植物多种多样,有长寿的,也有短命的。木本植物比草本植物寿命要长得多。植物界的"老寿星",都出在木本植物里。一般的草本植物,通常寿命几个月到十几年。

植物寿命的长短,与它们的生活环境有密切关系。有的植物为了使自己在严酷、恶劣的环境中生存下去,经过长期艰苦的"锻炼",练就了迅速生长和迅速开花结实的本领。

有一种叫罗合带的植物，生长在严寒的帕米尔高原。那里的夏天很短，到6月间刚刚有点暖意，罗合带就匆匆发芽生长。过了一个月，它才长出两三根枝蔓，就赶忙开花结果，在严霜到来之前就完成了生命过程。它的生命如此短促，但是尚能以月计算。

寿命最短的要算生长在沙漠中的短命菊，它只能活几星期。沙漠中长期干旱，短命菊的种子，在稍有雨水的时候，就赶紧萌芽生长，开花结果，赶在大旱到来之前，匆忙地完成它的生命周期，不然它就要"断子绝孙"。

- 向高处生长最快的植物

生长在我国云南、广西及东南亚一带的团花树，一年能长高3.5米。在第七届世界林业会议上，被称为"奇迹树"。生长在中南美的轻木，要比团花树长得更快，它一年能长高5米。但是，木本植物生长速度的绝对冠军要算是毛竹（禾本科）。它从出笋到竹子长成，只要两个月的时间，就高达20米，大约有六七层楼房那么高。生长高峰的时候，一昼夜能长高1米。因此，有"雨后春笋"的说法。竹子的生长比较特别，它是一节节拉长。竹笋有多少节和多粗，长成的竹子就有多少节和多粗。一旦竹子长成，就不再长高了。而所有树木的生长，是在幼嫩的芽尖，慢慢加粗伸长，经几十年至几百年，它还会慢慢地加粗长高。

不可不知的生物知识

• 生长最慢的树

  自然界树木生长的速度，真是千差万别，有的快得惊人，有的慢得出奇。例如在俄罗斯的喀拉哈里沙漠中，有一种名叫尔威兹加的树，个子很矮，整个树冠是圆形的，要是从正面看上去，就像是沙地上的小圆桌。它的升高速度慢极了，100年才长高30厘米。要是和毛竹的生长速度相比，真像老牛追火车。尔威兹加树要长333年，才能达到毛竹一天生长的高度。尔威兹加树生长为什么如此慢呢？除了它的本性以外，沙漠中雨水稀少，天气干旱，风大，也是重要原因。

• 最大的花

  亚洲东南部的大花草俗称"大王花"，是世界上最大的，直径可达90厘米。它散发出一种非常难闻的味道，但是苍蝇却很喜欢它。

BUKE BUZHI DE SHENGWUZHISHI

• 最大的植物精子

苏铁的精子是所有生物中体积最大的，长达0.3毫米，用肉眼即可看出。其形状如同陀螺一样，前端生着众多的鞭毛，排成一环一环的，能够在花粉管的液体内自由游动，当与雌花中的卵子相遇后，即结合发育成胚胎，完成受精的使命。

• 最有欣赏价值的植物

水培植物是一种新型的植物无土栽培方式，又名营养液培，其核心是将植物根茎固定于定植篮内并使根系自然垂入植物营养液中，这种营养液能代替自然土壤向植物体提供水分、养分、氧气、温度等生长因子，使植物能够正常生长并完成其整个生命周期。这种体现先进生产力的植物栽培技术具有集约化、规模化和精确化的生产优势，而采用这种无土栽培技术培育出来的水培植物（Hydroponics flower）更是以其清洁卫生、格调高雅、观赏性强、环保无污染等优点而得到了国内外花卉消费者的青睐。

• 最毒的树

见血封喉，又名箭毒木，桑科，见血封喉属植物。树高可达40米，春夏之际开花，秋季结出一个个小梨子一样的红色果实，成熟时变为紫黑色。这种果实味道极苦，含毒素，不能食用。印度、斯里兰卡、缅甸、越南、柬埔寨、马来西亚、印度尼西亚均有分布。树液剧毒，但有强心作用。是国家三级保护植物。

不可不知的生物知识

植物的用途

　　成千上万的植物物种被种植用来美化环境、提供绿荫、调整温度、降低风速、减少噪声、防止水土流失。人们会在室内放置切花、干燥花和室内盆栽，室外则会设置草坪、荫树、观景树、灌木、藤蔓、多年生草本植物，花草植物的意象通常被使用于美术、建筑、性情、语言、照相、纺织、钱币、邮票、旗帜和臂章上头。活植物的艺术类型包括绿雕、盆景、插花和树墙等。观赏植物有时会影响到历史，如郁金香狂热。植物是每年有数十亿美元的旅游产

业的基础,包括到植物园、历史公园、国家公国、郁金香花田、雨林以及有多彩秋叶的森林等地旅行。植物也为人类的精神生活提供基础需要。每天使用的纸就是用植物制作的。一些具有芬芳物质的植物则被人类制作成香水、香精等各种化妆品。许多乐器也是由植物制作而成。而花卉等植物更是成为装点人类生活空间的观赏植物。

● 满足你的好奇心

冬天树叶落地时为什么一般正面对地

因为树叶的正面细胞排列整齐,很密,包含着很多叶绿体,叫做栅栏组织;背面细胞内叶绿体少,排列疏松,称为海绵组织,它比正面轻。树叶正面重背面轻,所以飘落地面的时候,背面常常向上,正面就朝下了。

一切物体在自由下落过程中,都是密度小的部分在上面密度大的部分在下面。

不可不知的生物知识

秋天的绿叶为什么会变色

所有的树叶中都含有绿色的叶绿素，树木利用叶绿素捕获光能并且在叶子中其他物质的帮助下把光能以糖等化学物质的形式存储起来。除叶绿素外，很多树叶中还含有黄色、橙色以及红色等其他一些色素。虽然这些色素不能像叶绿素一样进行光合作用，但是其中有一些能够把捕获的光能传递给叶绿素。在春天和夏天，叶绿素在叶子中的含量比其他色素要丰富得多，所以叶子呈现出叶绿素的绿色，而看不出其他色素的颜色。

当秋天到来时，白天缩短而夜晚延长，这时树木开始落叶。在落叶之前，树木不再像春天和夏天那样制造大量的叶绿素，并且已有的色素，比如叶绿素，也会逐渐分解。这样，随着叶绿素含量的逐渐减少，其他色素的颜色就会在叶面上渐渐显现出来，于是树叶就呈现出黄、红等颜色。

不可不知的生物知识

剥切洋葱时为什么会流泪

葱属植物的独特气味源自一种挥发性油,这种油里含有一种被称为氨基酸亚砜的有机分子。剥切洋葱或者碾碎洋葱的组织会释放出蒜苷酶,它可以将这些有机分子转化成次磺酸。次磺酸随即又自然地重新组合形成可以引起流泪的化学物质合丙烷硫醛和硫氧化物。洋葱的组织被破坏30秒以后,合丙烷硫醛和硫氧化物的形成达到了高峰,并在大约5分钟后完成其化学变化。

这种氧化物对眼睛的作用我们是再熟悉不过了。眼睛的前表面——角膜——具有几种功能,其中一种功能就是保护眼睛不受物理和化学刺激的侵害。角膜上分布着很多具有感觉能力的睫状神经纤维,睫状神经是使脸部和头部的前半部分产生触觉、感知温度和疼痛的庞大的三叉神经的一个分支。角膜上还分布着数量相对较少的可以刺激泪腺的自主运动神经纤维。丰富的神经末梢能够发现角膜接触到的合丙烷硫醛和硫氧化物并引起睫状神经的活动——中枢神经系统将其解释为一种灼烧的感觉——而且此种化合物的浓度越高,灼烧感也越强烈。这种神经活动通过反射的方式刺激自主神经纤维,自主神经纤维又将信号带回眼睛,命令泪腺分泌泪液将刺激性物质冲走。

为什么受伤的水果会变黑

这是由于受伤水果的表皮以及内部充当"保护墙"的薄膜破裂，使氧气进入水果内部造成的。氧气会与水果中的一些化合物发生反应（通常是嵌入到这些化合物中），把这些化合物氧化。而有很多化合物在被氧化后呈现棕黑色，这样水果的受伤部位也就变黑了。防止水果变黑可以使用柠檬酸。因为柠檬酸非常容易被氧化，因此可以用它来清除氧气，防止水果变黑。这就是为什么如果把苹果片放在柠檬汁中浸一下后，苹果片能够在很长时间内不变黑的原因。

大豆为什么被称为"豆中之王"

大豆被称为"豆中之王"是指它拥有极高的经济价值。第一，大豆是中国四大油料作物之一，是食用植物油的最大来源。第二，大豆为人类提供丰富的优质蛋白质。第三，大豆还是许多新兴工业的重要原料。第四，大豆的茎、叶、荚壳还可以用来做饲料。第五，大豆的根部具有肥田的功效。大豆浑身上下都是宝，无愧于"豆中之王"的称号。

不可不知的生物知识

吃菠萝为什么要蘸盐水

因为菠萝的肉果里含有丰富的糖分、维生素C、柠檬酸、苹果酸等有机酸，但是当你不蘸盐水生吃时，就会感到嘴巴有刺痛，那是菠萝酸在起作用。由于这种酸能够分解蛋白质，因此就会对口腔黏膜产生刺痛作用。菠萝蘸了盐水后，就能抑制菠萝酸的作用，使菠萝吃起来味道更香甜。

春天的萝卜为什么会糠

萝卜从夏天播种时块根部分就必须大量贮存养分，这样，第二年春天才能将养分用来抽薹、开花。块根中的糖分被大量消耗了，纤维素迅速增多，萝卜就会变得干瘪无味了。所以，春天的萝卜会糠。

电信草为什么会跳舞

电信草跳舞是为了保护自己,当它起舞时,一些愚蠢的动物和昆虫就不敢来侵犯了;另一个原因是电信草所生存的环境的特点决定的。由于阳光照射得十分厉害,电信草为了不被强烈的阳光灼伤,两枚侧生小叶就不停地运动,起到躲避酷热的作用。

不可不知的生物知识

果实成熟后为什么会掉下来

果实成熟后，如果不及时采摘，大都会自行脱落，这并不是因为果柄太细，不堪果实的重负，而是因为果实必须落到地上，才能发芽生根，长出新的果树来。为了繁殖后代，当果实成熟时，果柄上的细胞就开始衰老，在果柄与树枝相连的地方形成一层所谓"离层"。离层如一道屏障，隔断果树对果实的营养供应。这样，由于地心的吸引力，果实纷纷落地。

为什么荷叶遇雨结水珠

因为荷叶的叶面上有许多密密麻麻的纤细茸毛，它们每根都很细而又含有蜡质，蜡的分子是中性的，它既不带正

电,也不带负电,水滴落到蜡面的荷叶上时,水分子之间的凝聚力要比在不带电荷的蜡面上的附着力强。所以,水落到蜡面上不是滚掉,就是聚集成水珠,而不会湿润整个蜡面。

世界四大水果是哪几种

苹果、葡萄、柑橘和香蕉并称为世界四大水果。苹果的果糖含量堪称水果之冠。葡萄是当今世界栽培面积最大、产量最多的水果,它姿态优美,适应性强,易繁殖,是庭院绿化的理想选择。柑橘具有生津止渴、化痰祛淤、润肺止咳等多种功效。香蕉是广为人知的水果之一,它有促使胃黏膜细胞生长的物质,有防治胃溃疡的作用。它们都有很高的营养价值,有利于身体的生长发育。

"五谷"是哪五种农作物

我们经常可以看到或是听到"五谷丰登,六畜兴旺"这样祝福的话语。但是,你知道什么是"五谷"吗?"五谷"是水稻、小米、高粱、麦子和豆子。水稻,经过加工后就是我们平常吃的大米。它是我国人民最主要的粮食之一,全世界也有一半的人口以大米为主食,所以又被称为"五谷之首"。而小米、高粱、麦子、豆子等经过加工后也都是我们生活中必不可少的粮食。

不可不知的生物知识

● 可爱的生灵——动物

动物是自然界生物中的一类，主要包括原生动物、海绵动物、腔肠动物、扁形动物、线形动物、环节动物、软体动物、节肢动物、棘皮动物和脊索动物等，约150万种。动物自身无法合成有机物，须以其他动植物或微生物为营养，以进行或维持生命活动。

动物概念

动物是多细胞真核生命体中的一大类群,称之为动物界。一般不能将无机物合成有机物,只能以有机物(植物、动物或微生物)为食料,因此具有与植物不同的形态结构和生理功能,以进行摄食、消化、吸收、呼吸、循环、排泄、感觉、运动和繁殖等生命活动。动物的分类根据自然界动物的形态、身体内部构造、胚胎发育的特点、生理习性、生活的地理环境等特征,将特征相同或相似的动物归为同一类。动物根据水生还是陆生,可将它们分为水生动物和陆生动物;根据有没有羽毛,可将它们分为有羽毛的动物和没有羽毛的动物。除以上两种特征外,我们还可以用其他的特征将它们进行分类。

动物也有多种分类方法。通过对不同动物的解剖,可以发现有的动物体内有脊柱,有的动物体内没有脊柱,根据体内有无脊柱,我们可以将所有的动物分为脊椎动物和无脊椎动物两大类。

注意:人也属于动物,而且是高级动物。

动物种类

目前已知的动物种类大约有150万种。可分为无脊椎动物和脊椎动物。

科学家已经鉴别出46 900多种脊椎动物。包括鲤鱼、黄鱼等鱼类动物,蛇、蜥蜴等爬行类动物,还有大家熟悉的鸟类和哺乳类动物。科学家们还发现了大约130多万种无脊椎动物。这些动物中多数是昆虫,并且昆虫中多数是甲虫。另外,像鼻涕虫、海绵等动物都属于无脊椎动物。

1.无脊椎动物中包括:原生动物、扁形动物、腔肠动物、棘皮动物、节肢动物、软体动物、环节动物、线形动物八大类。所以无脊椎动物占世界上所有动物的90%以上。

2.脊椎动物包括:鱼类、两栖类、爬行类、鸟类、哺乳类五大种类。特征有由脊椎骨组成的脊柱(脊索只见于胚胎期)。脊柱保护脊髓、脊柱与其他骨骼组成脊椎动物特有的内骨骼系统。有明显的头部,背神经管的前端分化成脑及其他感觉器官,例如眼、耳等,脑及感觉器官集中在头部,可加强动物对外界的感应。身体由表皮及真皮覆盖。皮肤有腺体,大部分脊椎动物的皮肤有保护性构造,例如鳞片、羽毛、体毛等。有完整的消化系统,口腔内有舌,多数有牙齿,亦有肝及胰脏。循环系统包括心脏、动脉、静脉及血管。排泄系统包括两个肾脏及一个膀胱。有内分泌腺,能分泌激素(荷尔蒙)调节身体功能,生长及繁殖。

BUKE BUZHI DE SHENGWUZHISHI

- **鱼类**

特征：水栖动物（只能生活于水中）。皮肤有鳞片覆盖，属变温动物。具有鳍（可以水中游动），用鳃呼吸。体外受精，主要为卵生，部分为胎生及卵胎生。

鱼的种类很多，主要分为两大类别：

软骨类。鲨鱼特征：皮肤坚韧，有极细小楯鳞，无鱼鳔，尾鳍上下不对称，有5对鳃，没有鳃盖。硬骨类。马口鱼特征：骨骼为硬骨，皮肤有许多黏液腺，为骨鳞片所覆盖，有鱼鳔。

- **两栖类**

特征：需在水中度过其幼年时期。具有适应陆生的骨骼结构，有四肢，皮肤湿润，有很多腺体。身体无鳞片或体毛。

两栖动物的分类：

无尾。例如蟾蜍，有适应陆上生活的骨骼系统，身体分头、躯干和四肢；前肢四趾，后肢五趾，趾间有蹼；后肢适用于游泳及跳跃；有肺，但主要呼吸器官为口腔内壁及皮肤；有尾。例如蝾螈，有适应陆上生活的骨骼系统，为身体细长之有尾水陆两栖类。

无足。例如鱼螈，有适应陆上生活的骨骼系统，身体分头，躯干和四肢；前肢四趾，后肢五趾，趾间有蹼；后肢适用于游泳及跳跃；有肺，但主要呼吸器官为口腔内壁及皮肤。

55

不可不知的生物知识

- 爬行类

特征：陆生动物。皮肤有鳞片或盾片覆盖。一般具有防水外皮，以减少水分散失。属变温动物（靠外界的温度或热源来改变其体温）。主要分布在地球较温暖的地区。体内受精，卵生或卵胎生。在陆地产卵，卵有防水外壳包裹。

爬行动物的分类：有足类，例如乌龟，有坚硬的外壳；上下颌不具齿，但有角质鞘；卵生；可分陆栖，水栖或海洋生活。无足类，例如眼镜蛇，无四肢，肩带及胸骨；不具活动的眼睑及外耳孔；舌头末端分叉，伸缩力强；皮肤有鳞片，可吞咽比自己身体直径大的猎物。蛇的器官退化成长形，左肺退化。蛇会定期蜕皮，能使自己不断进行成长，便于繁衍。

- 鸟类

特征：

（1）体表被羽毛，有翼，能飞翔。皮肤薄而软，便于肌肉的剧烈运动。

（2）新陈代谢旺盛，体温恒定。高而恒定的体温，促进体内新陈代谢的速度。恒温减少了动物对外界温度条件的依赖性，获得夜间活动的能力和在极地大陆上存活的能力。

（3）具有发达的神经系统和感官。鸟类的大脑、小脑、中脑都很发达。大脑半球较大，这主要是由于大脑底部纹状体的增大。在鸟类，纹状体是管理运动的高级部位，也和一些复杂的生活习性相关。

实验证明：切除鸟的一部分纹状体后，它正常的兴奋和抑制就被破坏，视觉受影响，求偶、营巢等习性丧失。鸟类的大脑皮层并不发达，小脑很发达，这与鸟类飞翔运动的协调和平衡相关。

（4）具有较完善的繁殖方式和行为（筑巢、孵卵和育雏）。

- 哺乳动物

特征：体内有一条由许多脊椎骨连接而成的脊柱；身体有毛覆盖，有口腔咀嚼和消化，可提高能量及营养的摄取；胎生（鸭嘴兽、针鼹除外），哺乳；恒温。在环境温度发生变化时也能保持体温的相对恒定，从而减少了对外界环境的依赖，扩大了分布范围；脑颅扩大，大脑相当发达，在智力和对环境适应上超过其他动物；内肢强壮灵敏，有快速的活动能力；心脏左、右两室完全分开；牙齿分为门齿、犬齿和颊齿。

- 无脊椎动物

原生动物，特征：单一细胞动物，身体的构造十分简单，会吃，会动，会繁殖和死亡。身体非常小，要用显微镜才观察得到的动物。栖息在淡水、海水或者其他动物的体液内。例如变形虫。

软体动物，软体动物外形多样化，是十分成功的生物类别，包括所有"贝壳类"动物，八爪鱼及墨鱼。大部分软体动物生活在海里，部分生活在咸淡水交界或淡水中，亦有小部分是陆生的。特征：身体柔软，不分节，左右对称，背部皮层向下伸延成外套膜，覆盖身体的大部分。软体动物中贝壳类的贝壳便是由外套膜的上皮细胞分泌而成。大多数软体动物有一至两个贝壳，例如蜗牛、蚬。另一些则退化成内壳，藏于外套膜之下，例如墨鱼。有些种类的外壳则完全消失，例如裸鳃类。

不可不知的生物知识

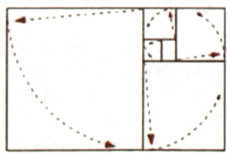
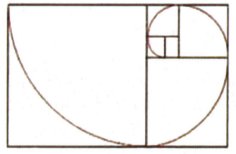

鹦鹉螺与黄金分割

动物中的数学家

在黄金矩形（宽长之比为0.618的矩形）里靠着三边做成一个正方形，剩下的那部分则又是一个黄金矩形，可以依次再做成正方形。将这些正方形中心都按顺序连结，可得到一条"黄金螺线"。而海洋学家在鹦鹉螺的身上，在一些动物角质体上，或有甲壳的软体动物身上，都曾发现有"黄金螺线"。

另外科学家发现，珊瑚虫可以在自己身上巧妙地记住"日历"；它们每年都在自己的体壁上刻画出365条环纹，即一天"画"一条。更奇怪的是，古生物学家也发现，在3.5亿年前的珊瑚虫每年所"画"出来的环纹是400条。这是为何呢？天文学家告诉我们，那时地球自转一天仅有21.9小时，一年不是365天，而为400天。

由此可见珊瑚虫可以根据天象的变化来"计算"、"记载"一年的时间,结果十分精确。蚂蚁同样是出色的"数学家"。英国科学家亨斯顿曾做过一个有趣的实验:他将一只死蚱蜢切成为3块,第二块比第一块大一倍、第三块又比第二块大一倍,在蚂蚁发现那3块食物40分钟之后,聚集在最小一块蚱蜢地方的蚂蚁仅有28只,第二块却有44只,第三块竟有89只,后一组差不多比前一组多一倍。蜜蜂可以算得上是"天才的数学计算和设计师"。工蜂所建造的蜂巢相当奇妙。它所建蜂巢底部的菱形的钝角全部都是109°28′,所有的锐角都等于20°32′。经过数学家理论上计算,若要消耗最少的材料,而制成最大的菱形也正是这种角度。丹顶鹤老是成群结队地迁徙,并且排成"人"字和"一"字形。那"人"字形的角度永远都是110°。"人"字形的夹角的一半正好为54°44′8″,然而金刚石结晶体的角度也刚好是这个度数。

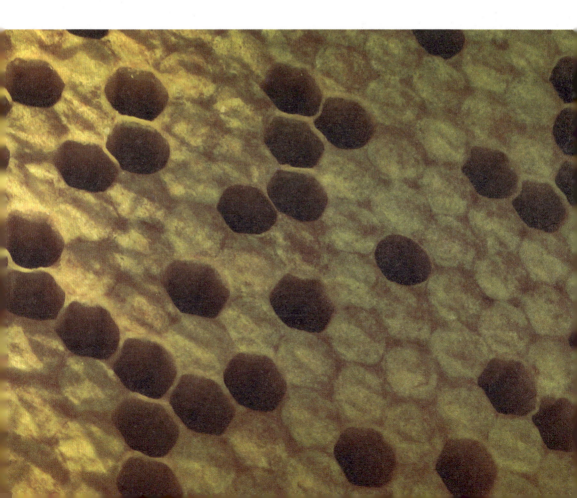

不可不知的生物知识

动物之最

- 最小的蜘蛛是近年在巴拿马的热带森林里发现的,它体长0.8毫米。
- 世界上最小的鸟儿是"微型"蜂鸟,它体重2克,从嘴尖到尾尖长5厘米。
- 在泰国设有"猴子学校",训练猴子采摘椰子。一只训练有素的猪尾蛮猴一天之内可以摘到1 400个椰子。前不久,猴子学校的"毕业生"们举行了比赛,获胜者在半分钟里摘下了9个椰子。
- 直到不久以前,伊特拉斯坎鼩被认为是最小的哺乳动物:成年体重2克,体长约为5厘米(若连尾则更长一些)。
- 几年以前,在泰国的热带丛林里发现了"最小哺乳动物"这一称号的新的争夺者——小飞鼠。它体重约为2克,体长3厘米,头长11毫米,翼展5.5厘米,以小昆虫为食。
- 2007年春天,世界上最老的"狗寿星"在奥大利亚的布里斯班去世,终年32岁,相当于人活了224岁。
- 产奶量最大的哺乳动物显然是鲸了。一条蓝鲸在哺乳期里每天可产奶430升,相当于最好的奶牛产奶量的5倍。
- 津巴布韦的3只非洲象创造了这种动物远距离游泳的纪录。它们连续游了不下30小时,行程超过35千米。
- 在所有动物中,名称最古怪的要算生活在夏威夷的卡乌阿伊岛上某些洞

穴里的一种盲蜘蛛了。这就是无眼大眼蛛。原来,根据各方面的特征它都属于大眼蛛科,只是由于它乔居洞穴,造成双目失明,空留下"大眼"之称。

- 最大的爬行动物——咸水鳄,它的外形像蜥蜴,最长达8米。
- 一只成年猎豹能在几秒之内达到每小时100千米。
- 世界上最大的鸟是鸵鸟。如果是飞行的鸟,则是信天翁。
- 世界上最小的鸟是蜂鸟。
- 有外声囊的青蛙是雄的。
- 打蛇打"七寸"是因为那里正好是它的心脏。
- 蛇每隔两三个月蜕一层皮是为了长身体。
- 海龟流泪是在排泄盐分。
- 鸵鸟孵卵,由雄鸟承担。
- 大雁飞行排成人字或一字,是为了长途飞行而借用前面大雁的翅膀扇动时的气流。
- 鹤一只脚站立是在轮换着休息。
- 夏天狗的舌头伸出来流"汗"是在散热。
- 马缰套在马的口角上,牛缰挽在牛的鼻子上,是因为这些地方痛觉点分布最多。
- 生长速度最慢的动物是一种生活在北大西洋的深海蚌。它100年才能长8毫米。

动物行为

- **防御行为**

    动物的防御行为是动物为对付外来侵略、保卫自身的生存或者对本族群中其他个体发出警告而发生的行为。

- **贮食行为**

    动物摄取食物，从根本上说，就是为了摄取构成躯体的营养——各种有机物和无机物，以及进行各种生理活动所必需的能量。这是动物的摄食行为。故食物丰富时，有些动物会贮存一些食物等饥饿时再取来食用。这样的行为称为贮食行为。

- **攻击行为**

    动物的攻击行为是指同种个体之间所发生的攻击或战斗。在动物界中，同种动物个体之间常常由于争夺食物、配偶，抢占巢区、领域而发生相互攻击或战斗。

- **繁殖行为**

    动物的繁殖行为是丰富多彩的，它包括的内容相当广泛，主要有雌雄两性动物的识别，占有繁殖空间、求偶、交配、孵卵、育幼等。

动物思维

现在世界上有几百万种动物。科学家发现,有些动物具有一定的思维能力。

一次,海上船只失事,人员落水,生命危急;海豚却迅速把落水者托出水面,游到岸边,救起了落水人。野生黑猩猩喜欢吃蚂蚁。它为吃到蚁穴中的蚂蚁,会在一根长短粗细适当的树枝上用舌头舔上几下,使树枝湿润,然后伸进蚁穴中,将蚂蚁粘出吃掉。黑猩猩居然还可以学会与人"交谈"。1970年,美国乔治亚大学设计出一种特殊语言,训练一只取名为莲娜的两岁黑猩猩。莲娜很快就知道按电脑键盘上的符号准确地取食,并能造出全新的句子和通过屏幕观察与修改句子来与专家们进行"交流"。

专家们还发现,动物有数字方面的思维能力,如鸟、大象、猴、猪、大白鼠、猩猩都有形成整数概念的能力。我国科学家也发现恒河猴具有辨别数目多少的能力。

不可不知的生物知识

● 满足你的好奇心

动物的尾巴有什么作用

我们都知道大袋鼠的尾巴非常发达，长得又粗又长，那么熊鼠的尾巴就更长了，而且比它的身体还要长一些。它们的尾巴有什么作用呢？在澳大利亚草原上，袋鼠是一种自卫能力很差的动物，它必须随时提防来犯的敌人，一有敌情拔腿就跑。它为了便于观察敌情，必须站立着。此时尾巴就起到了支撑身体的作用。熊鼠的长尾巴也有它的妙用。当熊鼠往高处跳的时候，必须使腰、后腿和尾巴都憋足了力才能跳起来。在过电线的时候，它也用尾巴保持身体的平衡，就像杂技演员走钢丝时手里拿着长杆一样。

而松鼠的尾巴作用则更大，松鼠经常从树上跳上跳下，这条大尾巴可以加大松鼠的跳跃距离。松鼠从这棵树跳到那棵树上的时候，把尾巴挺直，可以跳出十几米远，依靠这种本领，当松鼠遇到凶猛动物时，它就能很快逃走。另外松鼠从树上往下跳时，大尾巴像降落伞一样，使松鼠可以平平安安地落到地上，落到地上时，大尾巴蓬蓬松松，又厚又软，起到海绵垫的作用。晚上松鼠休息时，把大尾巴放在身上，像被子一样盖在头和身上，起到取暖作用。鸟类的尾巴是用来掌握方向的，就和船上的舵一样。你仔细观察在空中盘旋的老鹰的尾巴就能明白这一点。燕子的尾巴呈剪刀状，是用来突然改变方向的。

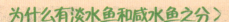

为什么有淡水鱼和咸水鱼之分

全世界目前约有2.2万种鱼,它们分布在几乎所有尚未受到严重污染的咸水或淡水环境中。生活在海洋、湖泊、江河和溪流中的这些鱼类经历了数百万年的漫长进化期,并已习惯了各自不同的生存环境。不同的鱼类具有不同的生理机制:淡水鱼生活在缺盐的水域中,所以它们需要把盐聚集到体内;而咸水鱼则恰恰相反,它们生活在高渗环境中,所以必须把多余的盐排泄出去。既可以在淡水中生存也可以在咸水中生存的鱼类则更加奇妙,它们同时具有聚盐和排盐这两种生理功能!

实际上,鱼是按照盐分耐受性进行分类的。只能在狭盐分范围的水域中生存的鱼被称为狭盐性鱼;金鱼等淡水鱼和金枪鱼等海鱼,都属于这种鱼类。能在盐分各不相同的水域中生存的鱼被称为广盐性鱼,如大马哈鱼、鳗、产于北美大西洋沿岸的眼斑拟石首鱼等,它们既可以从淡水地区迁徙到微咸的水域,也可以从微咸的水域迁徙到很咸的水域——当然,如果盐分变化很大,它们就需要一段适应期。

不可不知的生物知识

为什么兔子的耳朵很长

兔子的长耳朵至少可以从两个方面帮助它：它们可以帮助兔子听到微弱的声音（像食肉动物悄悄接近时发出的声音），并确定声音来自何处。另一个功能是帮助兔子散热。兔子的耳朵中有许多血管，当耳朵周围的空气流动时，温暖血液的温度就会有所下降，这可以帮助兔子调整其体内的温度。人类是通过出汗来达到这一目的的。狗通过喘气来散热，兔子则竖起它的耳朵。这样既可以保证安全又可以降温。

萤火虫为什么会发光

夜晚人们可以看到萤火虫一闪一闪地飞行，这是由于萤火虫体内一种称作虫萤光素酶的化学物质与氧气相互作用，从而产生的光亮。这种被称作虫萤光素酶的化学物质像开关一样启动这种反应，当萤火虫产生虫萤光素酶的时候，这种反应就开始了，萤火虫便会发出一闪一闪的光亮。

能够发光的生物还有海洋中的藻类和萤科的其他昆虫，它们都是利用虫萤光素酶与氧气产生反应，从而发出光亮的。

长颈鹿的脖子为什么那么长

实际上长颈鹿祖先的脖子也不是太长。在很早的时候,因为地球上的树木越长越高,长颈鹿为了吃到树上的叶子,就必须伸长脖子去吃树叶。脖子短的长颈鹿因为长期吃不上食物,就死去了,剩下脖子长的长颈鹿。而且随着时间的推移,长颈鹿为了吃到更多的树叶,就把脖子长的特点遗传了下来。所以现在我们看到的长颈鹿的脖子都特别长。

不可不知的生物知识

蜜蜂是怎样学习飞行的

蜜蜂像飞行员一样学习定向飞行。蜜蜂在离蜂巢10千米的地方采蜜前，要沿着距离蜂巢更远、更复杂的路线学习飞行。

英国和美国的一些研究人员给600多只幼蜂装上微型雷达发射器，然后将它们放入1万多只蜜蜂的蜂群中，跟踪它们的活动情况。研究人员发现，幼蜂一开始沿着蜂巢向外直线飞行。在飞到10~30米的距离后，就会沿着相同的路线调头往回飞。

研究人员说，在开始采蜜之前的3个星期中蜜蜂要沿着更长的路线飞行，以便熟悉地面标志。研究人员发现，蜜蜂定向飞行的路线越长就会飞得越高，这显然有助于它们感觉距离蜂巢的远近。从蜜蜂的视角看，飞得越高很可能意味着地形越不清楚，而靠近蜂巢时飞行高度越接近地面，地形就越清晰。

长期以来，蜜蜂远距离飞行的能力引起了研究人员的兴趣，它们显然是借助太阳的位置和地表特征作为定位标志。

研究人员认为，他们的研究开启了对其他昆虫学习飞行能力的研究。

鱼真的不睡觉吗

几乎每种鱼都会处于某种保存能量的状态,我们可以把这叫做休息,甚至"睡觉",尽管这种行为可能与多数陆地动物的"睡觉"不是一回事。许多鱼类(比如鲈鱼)夜间待在圆木上面或下面睡觉。珊瑚虫白天活跃,晚上则躲在礁石的裂缝处休息。鱼类休息时的样子与其他时候截然不同。例如,许多白天聚在一起非常活跃的鲤科小鱼晚上却分散开来,在浅水中一动不动。有些鱼则白天休息,晚上活动;但几乎所有的鱼都要睡觉。还有些动物一刻不停地游动,因为它们必须不断地把水吐出以保持呼吸;但它们在运动的时候仍有可能睡觉,我们只是不知道罢了。

不可不知的生物知识

动物为什么不会迷失方向

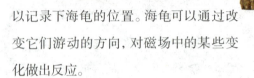

两项新的研究揭示了动物是如何利用自身固有的"指南针"来识别方向的。研究人员发现迁徙的海龟是依靠地域性磁场引导它们在北大西洋中游动的。海龟通过沿着一个被称为北大西洋环流的循环流动系统确定自身的方位，避免了进入危险的寒冷水域中。来自美国佛罗里达州东部的海龟幼崽在进入大海后，就开始漫长的迁徙。它们游向环绕着马尾藻海域的北大西洋环流，并用几年的时间沿着该环流游动。

科学家把海龟放置在一个大水缸中，水缸由计算机控制的线圈环绕着，以此来研究海龟幼崽对不同磁场的反应。每个海龟身上装有一个电子跟踪仪，可以记录下海龟的位置。海龟可以通过改变它们游动的方向，对磁场中的某些变化做出反应。

在另一项对赞比亚地下鼹鼠的研究中，捷克和德国的研究人员发现在名为上丘脑的大脑结构中有些神经细胞是这种动物生物"指南针"的一部分。这些细胞组对不同磁场方向会做出有选择性的反应。鼹鼠利用这些磁感应信息合成了一幅它们周围环境的心理地形图，而其他动物则用不同感官信息来显现同样的地形图。

海鸥为什么总追着轮船飞

在海上航行的轮船，一般有一群白色的海鸥相伴，从而给白茫茫一望无际的海洋增添了无限生机和诗意。

那么，海鸥为什么总是喜欢追逐轮船呢？这是因为，轮船在海上航行时，由于受到空气和海水阻力，在轮船上空产生一股上升的气流。海鸥尾随在轮船的后面或上空，可借助这股上升的气流毫不费力地托住身子飞翔。

另外，在浩瀚的大海中，小鱼、小虾之类被破浪前进的船激起的浪花打得晕头转向，漂浮在水面上，很快就会被视力极强的海鸥发现，轻而易举地把它们吃掉。这种"守株待兔"的觅食方式，当然是海鸥的聪明之举。

不可不知的生物知识

蚂蚁从高处落下来为什么摔不死

众所周知，人从楼上掉下摔不死也会摔成重伤，可是蚂蚁从高处落下却会安然无恙，你知道其中的秘密吗？

原来是这样：物体在空气中运动时会受到空气的阻力，其阻力的大小与物体和空气接触的表面积大小有关。越小的物体其表面积大小和重力大小的比值越大，即阻力越容易和重力相平衡，从而不至于下降的速度越来越大，也就是说微小的物体可以在空气中以很小的速度下落，所以蚂蚁落地时速度很小，不至于摔死。

我们还可以设想一种方法使蚂蚁摔死：把蚂蚁放在一根真空的长玻璃管中。当蚂蚁在这种管子中下落时，因为没有空气阻力，如果管子足够长，蚂蚁就有可能摔死。

被疯狗咬伤怎么办

狗可以得一种叫"狂犬病"的传染病，得了狂犬病的狗又叫"疯狗"。人一旦被疯狗咬伤染上狂犬病，十分痛苦，大多数不能活下来。

除了疯狗以外，带有狂犬病毒的猫、猪、老鼠等动物也可以传染狂犬病。

因此，被狗和以上动物咬伤后一定不要大意，要采取措施，及时救治。

1.用布条、绳子等紧紧勒住距伤口5厘米处的上方和下方。

2.把伤口处的血挤出来，然后用肥皂水或清水反复冲洗伤口约半个小时。

3.冲洗之后伤口要敞开，禁止包扎。

4.尽快去医院或卫生防疫站注射狂犬疫苗。

螃蟹为什么横着走

原来螃蟹是依靠地磁场来判断方向的。在地球形成以后的漫长岁月中,地磁南北极已发生多次倒转。地磁极的倒转使许多生物无所适从,甚至造成灭绝。螃蟹是一种古老的洄游性动物,它的内耳有定向小磁体,对地磁非常敏感。由于地磁场的倒转,使螃蟹体内的小磁体失去了原来的定向作用。为了使自己在地磁场倒转中生存下来,螃蟹采取"以不变应万变"的做法,干脆不前进,也不后退,而是横着走。从生物学的角度看,蟹的胸部左右比前后宽,八只步足伸展在身体两侧,它的前足关节只能向下弯曲,这些结构特征也使螃蟹只能横着走。

螃蟹为什么横行的答案,似乎能给我们提供一个解决生活中某些问题的启示。一个人生活在世界上,会遇到很多不以人的意志为转移的变化,而适应这些变化的最佳途径就是调整自己。否则,只能像那些不适应地磁极倒转的生物,造成"灭绝"的悲剧。其实,对待生活的困扰,可以不前进,不后退,而是横着走。

不可不知的生物知识

为什么能用鸽子送信

一只信鸽,即使你把它带到千里之外的陌生的地方,它也能把信带回家。鸽子头顶和脖子上绕几匝线圈,以小电池供电,鸽子头部就会产生一个均匀的附加磁场。当电流顺时针方向流动时,在阴天放飞的鸽就会向四面八方乱飞。这表明:鸽子是靠地磁导航的。那么鸽子又是如何靠地磁导航呢?

有人把鸽子看做电阻1 000欧的半导体,它在地球磁场中振翅飞行时,翅膀切割磁力线,因而在两翅之间产生感生电动势(即感应电压)。鸽子按不同方向飞行,因为切割磁力线方向不同,所以产生电动势的大小就可以辨别方向。但是试验表明,晴天放飞时,附加磁场并不影响它的飞行,这说明地磁并不是它唯一的罗盘。原来,鸽子能检测偏振光,在晴天它能根据太阳的位置选择飞行方向,并由体内生物钟对太阳的移动进行相应的校正。必须说明的一点是,当电流逆时针流动时,不管是晴天还是阴天,它都能飞回家。

动物中的十大致命杀手

如果有人问你，你能想到的最致命的动物都有哪些？你能说出几个呢？狮子、鲨鱼和眼镜蛇可能是人们都能想到的，但是那些外表看似柔弱，体型很小的动物也会是致命的杀手吗？排在动物十大致命杀手第一位的会是什么呢？赶快和我们一起来看看吧！

• 第10名 毒箭蛙

别看毒箭蛙体型很小，身长一般不超过5厘米，但是它能轻易地置人于死地。毒箭蛙的背部能渗出一种黏糊糊的神经毒素，这能使掠食者对它"敬而远之"。据说，每只毒箭蛙可以制造出足以让10个人丧命的毒素。毒箭蛙主要生活在巴西、圭亚那、智利等地的热带丛林里。

• 第9名 非洲野牛

非洲野牛是生活在非洲大陆的一种大而性情凶猛的水牛，体重一般可达700千克。硕大而弯曲的锋利双角是它们防御和攻击敌人的重要武器。如果只遇到一头非洲野牛，那么你真的还算幸运——如果数千头野牛成群结队地向你这个方向跑来时，真正的危险就降临了！

不可不知的生物知识

• 第8名 北极熊

我们耳熟能详，在动物园就能看见的北极熊也是动物界中的"危险分子"吗？

确实，人们在动物园看到的这些北极熊或许憨态可鞠，还让人们有一种想亲近的感觉。但是，野生环境下的北极熊可就会换一副面孔。它们把象海豹当成可口的早餐，而且当一只北极熊挥动它那巨大的熊掌时，能轻易地让你人头落地。

• 第7名 大象

接下来的这种致命动物或许又超出了人们能够理解的范围，一向温顺而且又能充当人类帮手的大象怎么也会出现在这个名单之中呢？

要知道，并不是所有的大象对人都那么温顺友好的。在世界范围内，每年会有500多人死于大象的攻击。非洲象通常可以长到大约六七吨重。不必提及它们那长而锋利的尖牙，相比较来说或许踩踏的方式更能让人们接受。

不是非常饿。要知道,这种"大猫"可称得上是个几乎完美的捕猎者。

- 第4名 大白鲨

大白鲨伤人的惨剧已经发生了不少,因此人们也很容易理解为什么这种水中的庞大掠食者会跻身这一行列。扩散到海水中的鲜血可以刺激大白鲨,让它进入到一种对食物的疯狂状态,它会用多达3 000颗的牙齿撕咬水中任何移动的物体。

- 第6名 澳洲咸水鳄

千万不要把澳洲咸水鳄看成是浮在水面上的木头块,否则这可是个致命的错误!澳洲咸水鳄可以在水中保持静止不动的状态,等待过路者自己送上门来。在一眨眼的工夫里,它会突然扑向猎物,然后将其拽到水中淹死并肢解,最后开始享用"美味"。

- 第5名 非洲狮

面对着一只非洲狮会给我们带来什么样的威胁?巨大的尖牙,行动迅速,刀子般锋利的尖爪?没错,全都没错!所以你最好希望它还

77

不可不知的生物知识

- 第3名 澳大利亚箱形水母

　　让我们一起进入致命动物排名的"前三甲"！谁能想到澳大利亚箱形水母这种柔弱不起眼的海洋生物竟然能超过大白鲨和非洲狮等强大的食肉动物，成为我们名单中的第3名呢！

　　澳大利亚箱形水母也被称为海黄蜂，这种如沙拉碗般大小的水母触须数量可达60根之多，每根触须长达4.6米。每只触须上都长有5 000个刺细胞和足够让60人丧命的毒素，因此它们也被科学家称为海洋中的透明杀手。最可怕的是，据说这种致命的水母还会主动攻击人类。澳大利亚箱形水母可以把松弛状态下的1米长触角"射出"3米远，缠绕住游泳的人，毒液会阻断人的呼吸，而解毒药只在被攻击后很短的几分钟内注射才能生效。在这种情况下，唯一能免受攻击的方法就是不在这种水母出没的海域中游泳。

- 第2名 亚洲眼镜蛇

或许这种动物早就在人们的猜测范围之内了。是的，无论怎样眼镜蛇都会被列入到这个名单之中，因为它确实太可怕了。每年都会有大约5万人因为被蛇咬伤而死亡，而被亚洲眼镜蛇咬伤致死的人数要占其中很大的一部分。

- 谁也想象不到的"冠军得主"

最致命的动物杀手第一名马上就要揭晓了，究竟是什么动物，它的威胁能超过鳄鱼、狮子、大白鲨甚至是眼镜蛇呢？或许没有一个人能够猜到这个正确答案——它就是蚊子！

蚊子在夏天几乎随处可见。虽然，很多蚊子的叮咬只让人感觉到发痒，但是有些蚊子却携带和传播着能够引起疟疾的寄生虫——疟原虫。其结果就是，小小蚊子竟然是造成每年超过200万人死亡的原因！它不是第一名谁是呢？

不可不知的生物知识

为什么许多动物在水面或墙面上如走平地

最根本的原因是这些动物的躯体都很小。蜘蛛攀岩走壁靠的是附着力，而水黾在水面上行走则靠的是表面张力和流体阻力。这些支撑力只与昆虫和水面或蜘蛛和墙的接触面积有关；它们的反作用力——地心吸力则只与这些动物的质量有关。所以，一般的情况是，大型动物更多地受地心吸力和惯性的控制，小型动物则更多地受附着力和流体张力等表面力的控制。

但是，攀岩走壁和水上行走这两种现象是截然不同的。当苍蝇在竖着的玻璃板上行走时，它的跗垫和玻璃板之间的附着力足以防止它下滑或掉下来。但是，一旦苍蝇的体积增加10倍，其体积重量比就会增加大约1 000倍，而它与玻璃板的接触表面积却只增加约100倍。在这种情况下，苍蝇就会掉下来，因为尽管附着力增加了，但是地心吸力增加的幅度更大，附着力已无法与地心吸力抗衡；况且，此时苍蝇的翅膀已显得太小了，根本飞不起来。

水黾的腿上有一层蜡质的疏水表面，既具有疏水功能，又不会被水沾湿。所以，除非地心吸力（水黾的重量）超过水面张力的垂直反作用力，否则水黾不会被淹死。此外，由于水黾的腿部在水面上产生了压力，所以它可以在这种摩擦力近乎为零的环境中悠哉游哉。

为什么动物对地震比人类更敏感

1.听觉。人的听力范围是20~20 000赫兹,但很多动物可以听到更低频率的声音,而地震更多的是发出此声。

2.触觉。相比人类两足行走,大多数动物接触地面的面积更大。另外,有一些动物的触觉本就十分灵敏,比如蛇,它能感知地面震动获取猎物的方位与距离。

- 生物异常现象

许多动物的某些器官感觉特别灵敏,它能比人类提前知道一些灾害事件的发生,例如海洋中水母能预报风暴,老鼠能事先躲避矿井崩塌或有害气体等等。至于在视觉、听觉、触觉、振动觉,平衡觉器官中,哪些起了主要作用,哪些又起了辅助判断作用,对不同的动物可能有所不同。伴随地震而产生的物理、化学变化(振动、电、磁、气象、水氡含量异常等),往往能使一些动物的某种感觉器官受到

不可不知的生物知识

刺激而发生异常反应。如一个地区的重力发生变异，某些动物可能通过它的平衡器官感觉到；一种振动异常，某些动物的听觉器官也许能够察觉出来。地震前地下岩层早已在逐日缓慢活动，呈现出蠕动状态，而断层面之间又具有强大的摩擦力，于是有人认为在摩擦的断层面上会产生一种每秒钟仅几次至十多次、低于人的听觉所能感觉到的低频声波。人要在每秒20次以上的声波才能感觉到，而动物则不然。那些感觉十分灵敏的动物，在感触到这种声波时，便会惊恐万状，以致出现冬蛇出洞、鱼跃水面、猪牛跳圈、狗吠狼吼等异常现象。动物异常的种类很多，有大牲畜、家禽、穴居动物、冬眠动物、鱼类等等。动物反常的情形，人们也有几句顺口溜总结得好：

震前动物有预兆，群测群防很重要。
牛羊骡马不进厩，猪不吃食狗乱咬。
鸭不下水岸上闹，鸡飞上树高声叫。
冰天雪地蛇出洞，大鼠叼着小鼠跑。
兔子竖耳蹦又撞，鱼跃水面惶惶跳。
蜜蜂群迁闹哄哄，鸽子惊飞不回巢。
家家户户都观察，发现异常快报告。

除此之外，有些植物在震前也有异常反应，如不适季节的发芽、开花、结果或大面积枯萎与异常繁茂等。

啄木鸟为什么不头疼

啄木是啄木鸟最主要的活动之一，它啄木的次数一天可达1.2万次，频率达到每秒20次，也就是说，在短短0.5毫秒中承受1 500倍重力加速度，这相当于以每小时25千米的速度撞墙。如果我们人类像啄木鸟那么干的话，毫无疑问将会导致脑震荡、脑损伤、视网膜出血和视网膜脱落等一系列致命后果，啄木鸟又是如何避免的呢？

啄木鸟的大脑比较小，体积小的物体的表面积相对就比较大，施加在上面的压力就容易分散掉，因此它不像人的大脑那样容易得脑震荡。啄木鸟在啄木时，敲打方向十分的垂直，可避免因为晃动出现的扭力导致脑膜撕裂和脑震荡。

啄木鸟还进化出了一系列的保护大脑和眼球免受撞击的装置。它的头骨很厚实，但是骨头中有很多小空隙，有点像

不可不知的生物知识

海绵,可以减弱震动。大脑表面有一层膜叫软脑膜,啄木鸟头部进化出了一系列特殊的构造防止震动的损伤。在它的外面还有一层膜叫蛛网膜,两层膜之间有一个腔隙叫蛛网膜下腔。人的蛛网膜下腔充满了脑脊液。但是啄木鸟的蛛网膜下腔很窄小,几乎没有脑脊液,这样就减弱了震波的液体传动。

最奇妙的是啄木鸟的舌头。它的舌头极长,从上颚后部生出,穿过右鼻孔,分叉成两条,然后绕到头骨的上部和后部,经过颈部的两侧、下颚,在口腔中又合成一条舌头。这样的舌头就像一条橡皮筋,能够伸出喙外达10厘米。显然,这条长舌头的主要用途是为了把虫子从洞中钩出来,但是在每次啄木之前舌头收缩的话,就能吸收撞击力,也是一个很好的缓冲装置。

啄木鸟的身体构造乃是在自然选择作用下长期进化的结果,研究它是如何巧妙地避免撞击带来的身体损伤,对于改进防止人类大脑损伤的保护设备,不无启发。

古诗中的动物

卖骆马　【唐】白居易
五年花下醉骑行，临卖回头嘶一声。
项籍顾骓犹解叹，乐天别骆岂无情。

鹅赠鹤　【唐】白居易
君因风送入青云，我被人驱向鸭群。
雪颈霜毛红网掌，请看何处不如君？

鹤答鹅　【唐】白居易
右军殁后欲何依，只合随鸡逐鸭飞。
未必牺牲及吾辈，大都我瘦胜君肥。

得房公池鹅　【唐】杜甫
房相西亭鹅一群，眠沙泛浦白于云。
凤凰池上应回首，为报笼随王右军。

舟前小鹅儿　【唐】杜甫
鹅儿黄似酒，对酒爱新鹅。
引颈嗔船逼，无行乱眼多。
翅开遭宿雨，力小困沧波。
客散层城暮，狐狸奈若何。

题鹅　【唐】李商隐
眠沙卧水自成群，曲岸残阳极浦云。
那解将心怜孔翠，羁雌长共故雄分。

近在咫尺——人体

人体，从思想上来说，是会受到社会环境、文化、传统及周围气氛的制约，并且会产生从想象得出来成果的生物实体。这样的说法，实际是指包括思想的个人。对一般生物学或医学而言，是指生物的外在实质。

人体表面是皮肤。皮肤下面有肌肉和骨骼。在头部和躯干部，由皮肤、肌肉和骨骼围成为两个大的腔：颅腔和体腔，颅腔和脊柱里的椎管相通。颅腔内有脑，与椎管中的脊髓相连。体腔又由膈分为上下两个腔：上面的叫胸腔，内有心、肺等器官；下面的叫腹腔，腹腔的最下部（即骨盆内的部分）又叫盆腔，腹腔内有胃、肠、肝、肾等器官，盆腔内有膀胱和直肠，女性还有卵巢、子宫等器官。

骨骼结构是人体构造的关键，在外形上决定着人体比例的长短、体形的大小以及各肢体的生长形状。人体约有206块骨，组成人体的支架。

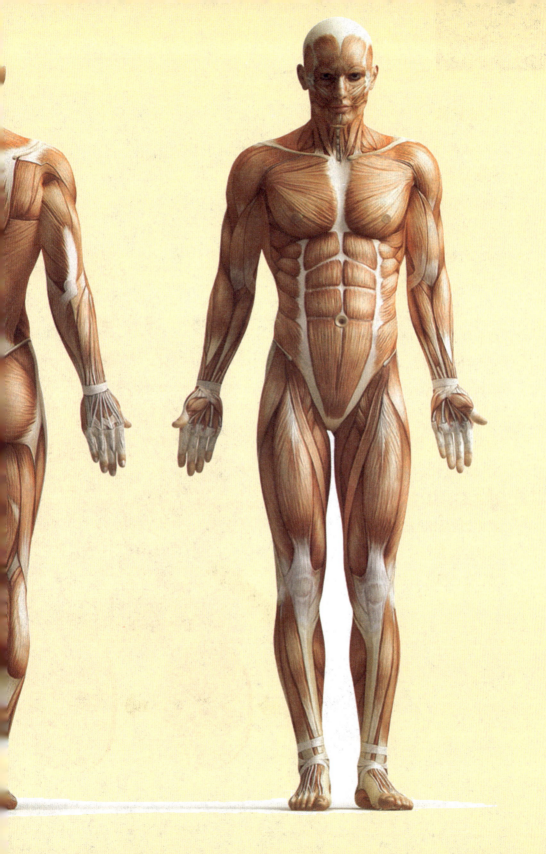

不可不知的生物知识

人体结构

人体由无机物和有机物构成。无机物主要为钠、钾、磷和水等；有机物主要为糖类、脂类、蛋白质与核酸等。

人体结构的基本单位是细胞。细胞之间存在着非细胞结构的物质，称为细胞间质。

细胞可分为3部分：细胞膜、细胞质和细胞核。细胞膜主要由蛋白质、脂类和糖类构成，有保护细胞，维持细胞内部的稳定性，控制细胞内外的物质交换的作用。细胞质是细胞新陈代谢的中心，主要由水、蛋白质、核糖核酸、酶、电解质等组成。细胞质中还悬浮有各种细胞器。主要的细胞器有线粒体、内质网、溶酶体、中心体等。细胞核由核膜围成，其内有核仁和染色质。染色质含有核酸和蛋白质。核酸

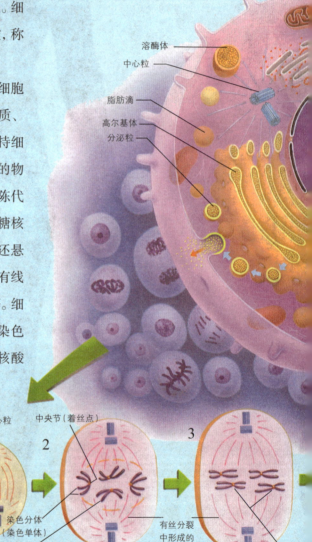

细胞图

是控制生物遗传的物质。

神经组织由神经元和神经胶质细胞构成，具有高度的感应性和传导性。神经元由细胞体、树突和轴突构成。树突较短，像树枝一样分支，其功能是将冲动传向细胞体；轴突较长，其末端为神经末梢，其功能是将冲动由胞体向外传出。

肌组织由肌细胞构成。肌细胞有收缩的功能。肌组织按形态和功能可分为骨骼肌、平滑肌和心肌3类。

人体结缔组织由细胞、细胞间质和纤维构成。其特点是细胞分布松散，细胞间质较多。结缔组织主要包括：疏松结缔组织、致密结缔组织、脂肪组织、软骨、骨、血液和淋巴等等。它们分别具有支持、联结、营养、防卫、修复等功能。

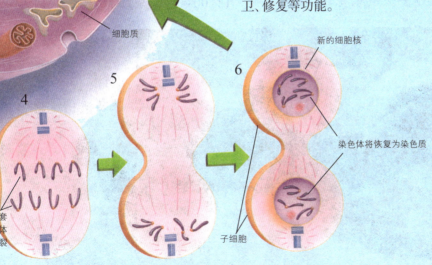

人体24小时

1∶00 人体进入浅睡阶段，易醒。此时头脑较清楚，熬夜者想睡反而睡不着。

2∶00 绝大多数器官处于一天中工作最慢的状态，肝脏却在紧张工作，生血气为人体排毒。

3∶00 进入深度睡眠阶段，肌肉完全放松。

4∶00 "黎明前的黑暗"时刻，老年人最易发生意外。血压处于一天中最低值，糖尿病病人易出现低血糖，心脑血管患者易发生心梗等。

5∶00 阳气逐渐升发，精神状态饱满。

6∶00 血压开始升高，心跳逐渐加快。高血压患者得吃降压药了。

7∶00 人体免疫力最强。吃完早饭，营养逐渐被人体吸收。

8∶00 各项生理激素分泌旺盛，开始进入工作状态。

9∶00 适合打针、手术、做体检等。此时人体气血活跃，大脑皮层兴奋，痛感降低。

10∶00 工作效率最高。

10∶00-11∶00 属于人体的第一个黄金时段。心脏充分发挥其功能，精力充沛，不易感到疲劳。

12∶00 紧张工作一上午后，需要休息。

12∶00-13∶00是最佳"子午觉"时

间。不宜疲劳作战，最好躺着休息半小时至一小时。

14：00 反应迟钝。易有昏昏欲睡之感，人体应激能力降低。

15：00 午饭营养吸收后逐渐被输送到全身，工作能力开始恢复。

15：00-17：00 为人体第二个黄金时段。最适宜开会、公关、接待重要客人。

16：00 血糖开始升高，有虚火者此时表现明显。阳虚、肺结核等患者的脸部最红。

17：00 工作效率达到午后时间的最高值，也适宜进行体育锻炼。

18：00 人体敏感度下降，痛觉随之再度降低。

19：00 最易发生争吵。此时是人体血压波动的晚高峰，人们的情绪最不稳定。

20：00 人体进入第三个黄金阶段。记忆力最强，大脑反应异常迅速。

20：00-21：00 适合做作业、阅读、创作、锻炼等。

22：00 适合梳洗。呼吸开始减慢，体温逐渐下降。最好在22点30分泡脚后上床，能很快入睡。

23：00 阳气微弱，人体功能下降，开始逐渐进入深度睡眠，一天的疲劳开始缓解。

24：00 气血处于一天中的最低值，除了休息，不宜进行任何活动。

人体比例关系

达·芬奇是欧洲文艺复兴时代意大利的著名画家。在长期的绘画实践和研究中,他发现并提出了一些重要的人体绘画规律:标准人体的比例为头是身高的1/8,肩宽是身高的1/4,平伸两臂的宽度等于身长,两腋的宽度与臀部宽度相等,乳房与肩胛下角在同一水平上,大腿正面厚度等于脸的厚度,跪下的高度减少1/4。达·芬奇认为,人体凡符合上述比例,就是美的。这一人体比例规律在今天仍被认为是十分有价值的。

进一步的研究发现,对称也是人体美的一个重要因素。人体的形体构造和布局,在外部形态上都是左右对称的。比如面部,以鼻梁为中线,眉、眼、颧、耳都是左右各一,两侧的嘴角和牙齿也都是对称的。身体前以胸骨、背以脊柱为中线,左右乳房、肩及四肢均属对称。倘若这种对称受到破坏,就不能给人以美感。

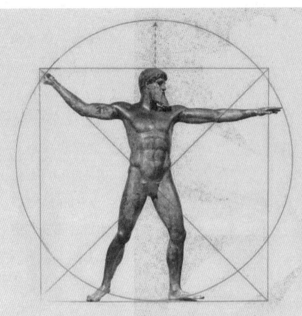

因此,修复对称是人体美容的重要原则之一。但是,对称也是相对的,而不可能是绝对的。人体各部分假如真的绝对对称,反而会失去生动的美感。

关于人体美的规律最伟大的发现,是关于"黄金分割定律"的发现。所谓黄金分割定律,是指把一定长度的线条或物体分为两部分,使其中一部分对于全体之比等于其余一部分对这部分之比。这个比值是0.618∶1。据研究,就人体结构的整体而言,每个部位的分割无一不是遵循黄金分割定律的。如肚脐,这是身体上下部位的黄金分割点:肚脐以上的身体长度与肚脐以下的比值是0.618∶1。

人体的局部也有3个黄金分割点。一是喉结,它所分割的咽喉至头顶与咽喉至肚脐的距离比也为0.618∶1;二是肘关节,它到肩关节与它到中指尖之比还是0.618∶1;此外,手的中指长度与手掌长度之比,手掌的宽度与手掌的长度之比,也是0.618∶1。牙齿的冠长与冠宽的比值也与黄金分割的比值十分接近。因此,有人提出,如人体符合以上比值,就算得上一个标准的美男子或美女。造型艺术按照黄金分割定律来安排各个部位,确实能给人以和谐的美感。更为有趣的是,人们发现,按照黄金分割定律来安排作息时间,即每

不可不知的生物知识

天活动15小时,睡眠9小时,是最科学的生活方式。9小时的睡眠既有利于机体细胞、组织、器官的活动,又有利于机体各系统的协调,从而有利于机体的新陈代谢,恢复体力和精力。而这样的时间比例(15∶24或9∶15)大约是0.618。

正因为黄金分割如此神奇,并在人体中表现得如此充分,因此有人把它视为人的内在审美尺度。按这种观点,任何东西只要符合黄金分割,就一定是美的。例如,我们的各种家具肯定不能都做成正方形,而几乎都要做成有一定长度比的形状,而这个比值一定与0.618接近。电视机的荧屏、电冰箱的开门、门窗的设计等等,无一不是有意或无意地遵循着黄金分割定律。就连舞台上报幕员所出现的位置,也大体上是在舞台全宽的0.618处,观众视觉形象最为美好。在舞台正中出现的效果肯定是不如那种位置的。

黄金分割经过大数学家华罗庚的研究,发现了其中深奥的科学道理。前些年由他推广的"优选法"(又叫0.618法)在科学实验和解决人们现实生活中许多难题方面,都作出过伟大贡献。而这种科学的奥妙竟然能在人体中得到最完美的表现,这不能不说是神奇大自然的造化。

人体的八大系统

消化系统：口腔、咽、食管、胃、小肠、大肠、胃腺、胰腺、肝脏等。负责食物的摄取和消化，使我们获得糖类脂肪蛋白质维生素等营养。

神经系统：中枢神经系统、周围神经系统。负责处理外部信息，使我们能对外界的刺激有很好的反应，包括学习等重要的活动也是在神经系统完成的。

呼吸系统：鼻腔、气管、肺、胸膜。气体交换的场所，使人体获得新鲜的氧气。

循环系统：心血管系统、淋巴系统。负责氧气和营养的运输，废物和二氧化碳的排泄，以及免疫活动。

运动系统：骨、骨连结、骨骼肌。负责身体的活动，使我们可以做出各种姿势。

内分泌系统：各种腺体。调解生理活动，使各个器官组织协调运作。

生殖系统：生殖器。负责生殖活动，维持第二性征。

泌尿系统：肾、输尿管、尿道、膀胱。负责血液中废物的排泄，产生尿液。

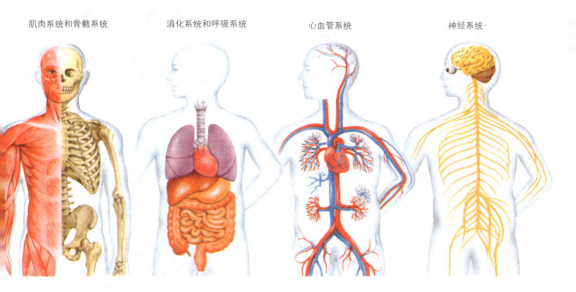

肌肉系统和骨骼系统　　消化系统和呼吸系统　　心血管系统　　神经系统

人体的神经

从脑发出左右成对的神经。共12对,依次为嗅神经、视神经、动眼神经、滑车神经、三叉神经、展神经、面神经、位听神经、舌咽神经、迷走神经、副神经和舌下神经。12对脑神经连接着脑的不同部位,并由颅底的孔裂出入颅腔。这些神经主要分布于头面部,其中迷走神经还分布到胸腹腔内脏器官。各脑神经所含的纤维成分不同。按所含主要纤维的成分和功能的不同,可把脑神经分为3类:一类是感觉神经,包括嗅、视和位听神经;另一类是运动神经,包括动眼、滑车、展、副和舌下神经;第三类是混合神经,包括三叉、面、舌咽和迷走神经。近年来的研究证明,在一些感觉性神经内,含有传出纤维。许多运动性神经内,含有传入纤维。脑神经的运动纤维,由脑干内运动神经核发出的轴突构成;感觉纤维是由脑神经节内的感觉神经元的周围突构成,其中枢突与脑干内的感觉神经元形成突触。1894年以来,先后在除圆口类及鸟类以外的脊椎动物中发现第"0"对脑神经(端神经)。在人类由1~7条神经纤维束组成神经丛,自此发出神经纤维,经筛板的网孔进入鼻腔,主要分布于嗅区上皮的血管和腺体。

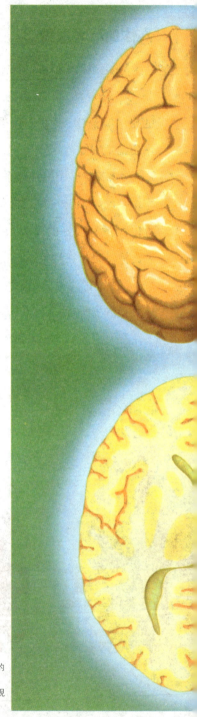

脑是一个重约1.5千克的复杂器官,是人体的指挥中心。右边4幅图分别是从上方(左上图)、从下方(右上图)、从左边(右下图)对脑进行观察的绘图,以及脑的横切面图(左下图)。

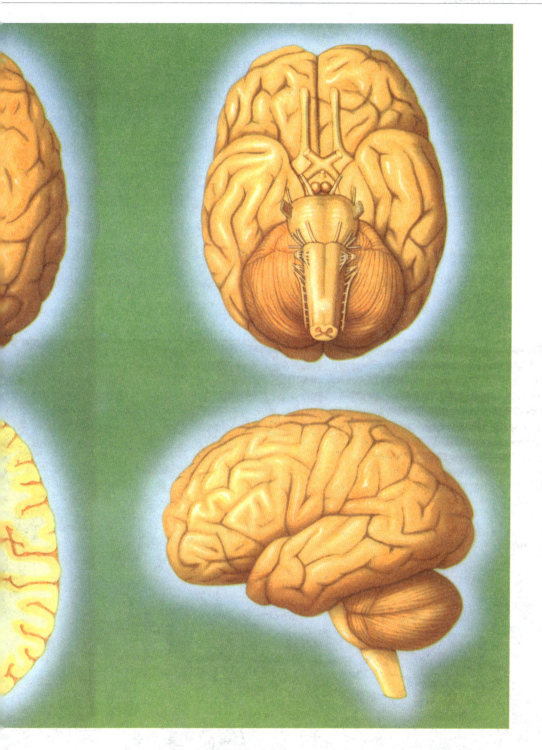

不可不知的生物知识

人体器官衰老 >

百年人生说长不长说短亦不短,我们生活在一个快节奏的时代,在那一段看似固定的岁月中,可做的事情多了许多,我们的生活充实了很多,也精彩了很多。即使时间不着痕迹地从我们身上流淌过去,现代人依然有许多法宝:比如保健品和化妆品,这些能把我们牢牢地捆绑在青春十字架上的物质,确实是使我们年轻了。但是,千百年来的生物进化规律岂容一点点外来化学物质改变?有些常识我们必须要清楚——那就是人体器官的衰老年龄。了解了这些,我们才会不被鲜活的面貌欺骗,才会更加珍惜生命,注重生活质量,形成健康环保的生活习惯。

据英国《每日邮报》报道,英国研究人员确认了人体各个部位的衰老年龄。实际上,人体一些部位在我们外表变老之前功能就开始退化了,下面就看看我们自己的器官走到哪一步了。

• 大脑

20岁开始衰老，随着年龄增大，大脑中神经细胞（神经元）的数量逐步减少。出生时神经细胞的数量达到1 000亿个左右，但从20岁起开始逐年下降。到了40岁，神经细胞的数量开始以每天1万个的速度递减，从而对记忆力、协调性及大脑功能造成影响。英国神经学家表示，尽管神经细胞的作用至关重要，但事实上大脑细胞之间缝隙的功能退化对人体造成的冲击最大。大脑细胞末端之间的这些微小缝隙被称为突触，突触的职责是在细胞数量随我们年龄变得越来越少的情况下，保证信息在细胞之间正常流动。

• 皮肤

25岁左右开始老化，随着生成胶原蛋白（充当构建皮肤的支柱）的速度减缓，加上能够让皮肤迅速弹回去的弹性蛋白弹性减小，甚至发生断裂，皮肤在你25岁左右开始自然衰老。女性在这一点上尤为明显。死皮细胞不会很快脱落，生成的新皮细胞的量可能会略微减少，从而带来细纹和褶皱的皮肤。

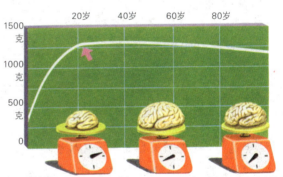

出生时：300~400克　　成年：1 300~1 400克　　老年：1 250~1 350克

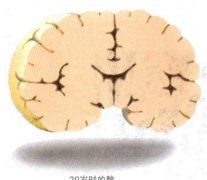

20岁时的脑

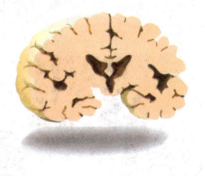

年逾80岁时的脑

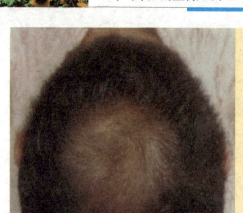

- 眼睛开始衰老：40 岁

老花眼情况比我们预想中出现得早，一般人从 40 岁开始就变成了"远视眼"。这是因为随着年龄的增长，眼部肌肉变得越来越无力，眼睛的聚焦能力开始下降。

- 头发

30 岁开始脱落，男性通常 30 多岁开始脱发。

- 骨骼开始衰老：35岁

儿童骨骼生长速度很快，只要 2 年就可完全再生。成年人的骨骼完全再生需要 10 年。25 岁前，骨密度一直在增加。但是，35 岁骨质开始流失，进入老化过程。骨骼大小和密度的缩减可能会导致身高降低。椎骨中间的骨骼会萎缩或者碎裂。

- 心脏开始衰老：40岁

40 岁开始，心脏向全身输送血液的效率大幅降低，这是因为血管逐渐失去弹性，动脉也可能变硬或者变得阻塞，造成这些变化的原因是脂肪在冠状动脉堆积形成。

正常的骨骼　　　　　　衰老的骨骼

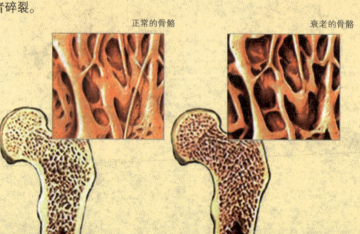

BUKE BUZHI DE SHENGWUZHISHI

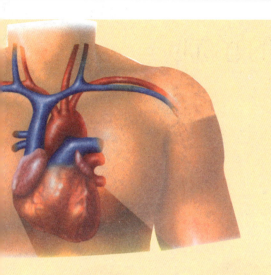

- **肾脏开始衰老：50岁**

  肾脏过滤量从50岁开始减少，肾过滤可将血流中的废物过滤掉，肾过滤量减少的后果是，人失去了夜间憋尿功能，需要多次跑卫生间。75岁老人的肾过滤量是30岁壮年的一半。

- **肠：55岁开始老化**

  健康的肠可以在有害和"友好"细菌之间起到良好的平衡作用。肠内友好细菌的数量在我们步入55岁后开始大幅减少，结果使得人体消化功能下降，肠道疾病风险增大。随着我们年龄增大，胃、肝、胰腺、小肠的消化液流动开始下降，发生便秘的几率便会增大。

- **肝脏：70岁才会变老**

  肝脏似乎是体内唯一能挑战老化进程的器官，因为肝细胞的再生能力非常强大。如果不饮酒、不吸毒，或者没有患过传染病，那么一个70岁捐赠人的肝也可以移植给20岁的年轻人。

- **牙齿开始衰老：40岁**

  人变老的时候，唾液的分泌量会减少。唾液可冲走细菌，唾液减少，牙齿和牙龈更易腐烂。牙周的牙龈组织流失后，牙龈会萎缩，这是40岁以上成年人常见的状况。

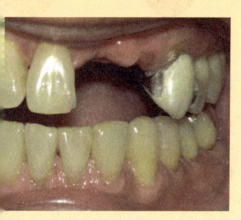

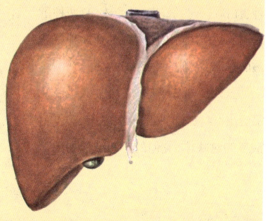

不可不知的生物知识

● 满足你的好奇心

人为什么能感到鲜味

除了酸、甜、苦、咸这四种味道，我们还能感受到鲜味，科学家的一项最新研究成果揭示了人类能够享受鲜美味道的原因。

在亚洲，味精是很流行的调味品，它能增加食物的鲜味。味精的主要成分是谷氨酸钠，它是日本科学家1908年在海带中找到的。谷氨酸钠是一种氨基酸——谷氨酸的钠盐，氨基酸能够组成蛋白质，而蛋白质在生命活动中起着非常重要的作用。因此氨基酸也被称为蛋白质的"砖块"，它们是人体必需的物质。

在最新出版的英国《自然》杂志上，一个美国研究小组发表了他们对于人类感受氨基酸味道的研究成果。他们发现，在人的味觉细胞表面存在着t1r1和t1r3两种蛋白质。作为氨基酸的受体，这两种蛋白质共同作用可以使人感受到20种氨基酸的味道，特别是谷氨酸的味道。

这两种氨基酸受体不能使人敏锐地品尝出d氨基酸的味道。l氨基酸与d氨基酸互为对映体，它们的空间结构如同人

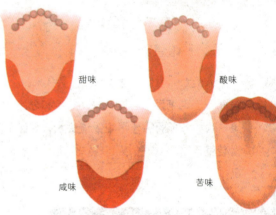

甜味　　酸味

咸味　　苦味

味蕾分布

的左手和右手。而人体内的蛋白质都是由l氨基酸构成的，d氨基酸对人体没有用处。

科学家认为，正是由于长期进化才使人类拥有了品尝鲜味的能力，l氨基酸对人类不仅仅是一种享受，更是生存的必要，而d氨基酸不被人类的味觉"青睐"也是理所当然。

人为什么会感觉到冷

一阵寒风吹来,人会觉得冷。但人究竟为什么会感觉到冷?科学家找出了支配寒冷感觉的一部分化学机制,这可能帮助研制新型止痛药。

人体感知热的原理早已不是秘密。较高的温度会激活细胞膜上的一些离子通道,即一些由分子形成的微小孔洞。它们控制特定化学物质流入或流出神经,产生电信号。而冷又是如何感受到的呢?

据新一期英国《新科学家》杂志报道,美国两个研究小组最近分别报告说,他们发现了实验鼠的神经对寒冷的一种反应机制。这两个小组都发现,某个离子通道能使实验鼠神经对8℃~28℃之间的寒冷感觉产生反应。他们发现,薄荷醇也能激活这个离子通道。这可以解释为什么薄荷使人感觉清凉。研究人员还说,有的神经在冷和热刺激下都有反应。这可以解释为什么人有时候会对冰冷产生灼热的错觉。

西班牙的一个科研小组发现了神经对冷刺激的另一种反应方式。他们发现,温度从33℃降到15℃时,实验鼠神经里一个特定的钾离子通道会关闭。这会使一小部分神经产生反应,但有另一个钾离子通道起着"制动器"的作用,因此其他大部分神经没有反应。

不可不知的生物知识

打哈欠会"传染"吗

有3种理论认为打哈欠有感染力。这3种理论是：生理理论，厌倦理论，进化理论。

生理理论认为，打哈欠是大脑意识到需要补充氧气的一种反应。打哈欠之所以有感染力，是因为在某个房间里的每一个人很可能同时都觉得需要补充氧气。打哈欠可能还会受外界因素的刺激，在很大程度上如同看见别人吃饭会感到饥饿一样。

厌倦理论依据的假设是：如果每个人都觉得某件事情令人感到厌倦，就会打哈欠。但是这种理论无法解释人为何在感到厌倦的时候打哈欠，除非人把打哈欠作为一种本能方式，用形体语言表达对某件事情不感兴趣。

进化理论认为，人打哈欠是为了露出牙齿，这个行为是我们的原始祖先传下来的。打哈欠可能是向别人发出警告的一种行为。鉴于人类的发展已经进入文明社会，用打哈欠的方式向别人发出警告已经过时了。

由于人们还没有找到打哈欠为何具有感染力的确切原因，因此，这个问题至今仍然是个谜。

牙齿是怎样分类的 〉

从牙齿的外观上看，牙齿由牙冠、牙根及牙颈3部分组成。牙冠是牙体外层被牙釉质覆盖的部分，也是发挥咀嚼功能的主要部分，在正常情况下，牙冠的大部分显露于口腔，称为临床牙冠。牙根是牙体外层由牙骨质覆盖的部分，也是牙齿的支持部分；牙齿有的是单根牙，有的是多根牙，每一个牙根的尖端，称为根尖；每个根尖都有通过牙髓血管神经的小孔，称为根尖孔；正常情况下，牙根整个包埋于牙槽骨中。牙冠与牙根交界处呈一弧形曲线，称为牙颈，又名颈缘或颈线。从牙齿的剖面看，牙体由牙釉质、牙骨质、牙本质和牙髓4层组成。牙釉质构成牙冠的表层，为半透明的白色硬组织，是牙体组织中高度钙化的最坚硬的组织。牙骨质是构成牙根表层的、色泽较黄的硬组织。牙本质构成牙体的主体，位于牙釉质与牙骨质的内层，不如牙釉质坚硬，在其内有一空腔称为牙髓腔。牙髓是

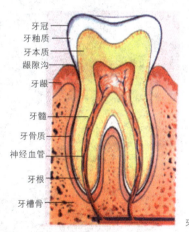

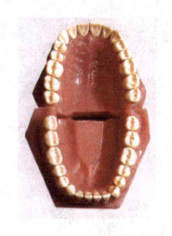

牙齿结构示意图

牙齿结构模型　　　　　　　　　　牙体形状　　　　X射线片

不可不知的生物知识

充满在牙髓腔中的蜂窝组织，内含血管、神经和淋巴。是牙体组织中唯一的软组织。根据牙齿的形态特点和功能特性将牙齿分为切牙、尖牙、双尖牙、磨牙4类。切牙位于口腔前部，左、右、上、下共8颗，邻面观牙冠呈楔形，颈部厚而切缘薄，主要功能是切断食物，为单根。尖牙俗称犬齿，位于口角处，左、右、上、下共4颗，牙冠仍为楔形，切缘上有一突出的牙尖，主要功能是穿刺和撕裂食物，为粗壮而长大的单根。双尖牙又名前磨牙，位于尖牙之后、磨牙之前，左、右、上、下共8颗，牙冠呈立方形，有一个咬牙合面，其上一般有双尖，下颌第二双尖牙有三尖者，主要功能是协助尖牙撕裂食物及协助磨牙捣碎食物，牙根扁，也有分叉者。磨牙位于双尖牙之后，左、右、上、下共12颗，牙冠大，呈立方形，有一个宽大的咬牙合面，其上有4~5个牙尖，主要功能是磨细食物，一般上颌磨牙为3根，下颌磨牙为双根。根据牙齿在口腔内存在的时间分为乳牙和恒牙。乳牙在出生后7~8个月开始

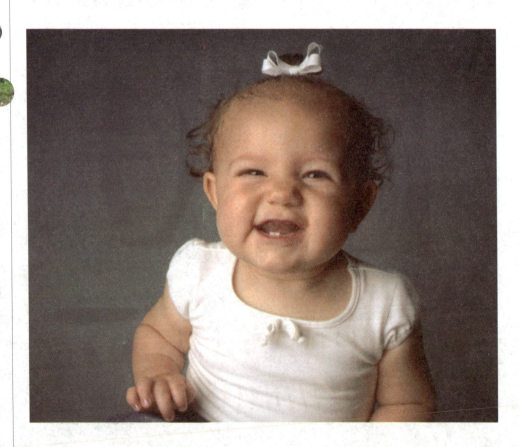

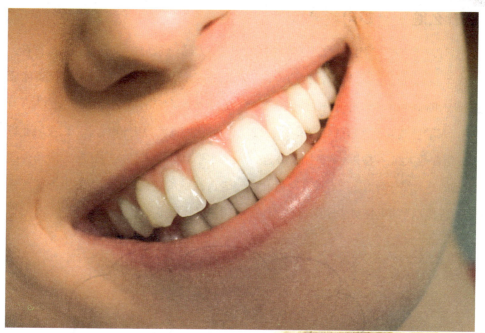

萌出，2.5岁左右乳牙全部萌出，共20个。六七岁至十二三岁，乳牙逐渐脱落而为恒牙所代替，此期称为替牙时期或混合牙列。因此乳牙在口腔内的时间为5~10年。2.5~6岁左右为乳牙䶗时期。恒牙是继乳牙脱落后的第二副牙列，非因疾病或意外损伤不会脱落，脱落后再无牙齿可萌出代替。第一恒磨牙自胚胎4月开始发育，6岁开始萌出，是最先萌出的恒牙，不替代任何乳牙。12~13岁乳牙全部脱落后，称为恒牙䶗时期。

为什么脑子会越用越灵

有人会担心,"用脑过度"会有损健康。事实上,这是没有科学根据的。相反的是人的脑子可以越用越灵。

人的脑皮层大约有140亿个神经细胞,但普通人在一生中大约只用了10亿。人脑的绝大部分潜力还没有被开发利用。"用进废退"的生物科学原则,同样十分适用人脑。勤动脑,大脑就会永葆青春;思想懒惰了,就会反应迟钝,甚至可能成为痴呆。调查资料表明:多用脑的人智力一般比懒散者高出50%;学历以及职业智力水平高的老人通常要比智力活动少的老人在脑的老化以及智力衰退方面要慢得多且轻得多。

为什么要限制儿童看电视

电视已经是人们日常生活中不可缺少的一部分了，它可以使孩子学到一定的知识，扩大视野。但是电视看得太多并不好，因为电视节目是一种被动性质的娱乐，时间长了，反而会使思考力下降。有的专家认为，3岁的孩子看电视每天不能超过1小时，看电视要固定一个节目，不要一会儿换一个频道，看完一个节目以后应带孩子到外面玩玩，使生活富于变化。

另外，看电视时应在离电视机2米远的正面看，电视画面的高度最好与孩子的眼睛高度一致，不可过高，以便让孩子看得自然、舒服。

不可不知的生物知识

皮肤是怎样保持柔软和弹性的

奥秘在于皮肤基本组成细胞里含有半渗透薄膜，它的特性是让皮肤"百折不回"——屡经扭折也不会使皮肤细胞变形，进而留下皱纹。

加拿大卑诗大学物理系退休教授布卢姆说，人造的防渗透物件如塑料或橡胶，折弯几千次后总会产生裂痕，但是人类皮肤最外面的角质层不断剥落，可以保护皮肤不致在恶劣的环境里像橡胶一样折裂，皮肤保持柔软的功臣是皮肤细胞的半渗透薄膜。这层薄膜多少会让水分渗透进来，不信请注意观察，洗澡泡太久了，手指、脚趾是不是会出现皱纹？

大致而言，皮肤细胞的保护膜是由一种叫做"双层油脂"的液体和具有伸缩性的固体薄膜骨架共同构成，让这层薄膜具备抗耗损功能的是许多蛋白质分支，而这些蛋白质分支则由糖分末梢组成。

他举例说，人体红细胞流经身体各部的时候，必须挤入比自己小8倍的微血管。他说，红细胞里有一种材料，叫做"细胞骨层"，比乳液橡胶要柔软100倍，这就是我们皮肤可以常保柔软的关键。

宝宝为什么总流口水 >

宝宝流口水是令父母们十分头痛的问题，常常一天换几次衣服，用几条手帕，那么宝宝为什么总流口水呢？为了搞清楚这个问题，我们先谈谈口水的产生及其生理功能。

口水，医学上称之为"唾液"，是由唾液腺产生，口腔内有3对大唾液涎腺（腮腺、颌下腺、舌下腺）和无数个分布在唇、颊、腭、口底黏膜的小唾液腺。唾液中大部分为水分，还含有一些淀粉酶和黏蛋白，唾液主要有湿润口腔、便于吞咽、帮助消化的作用。据测定，正常成年人一昼夜分泌唾液1 000~1 500毫升，正常情况下，人们会自主或不自主地把口水吞咽了。

初生的婴儿由于唾液腺分泌功能不够完善，唾液分泌量少，所以一般不会流口水。4个月后，由于开始添加辅食，唾液分泌增加，6个月后乳牙开始萌出，可以刺激牙龈上神经，使唾液腺分泌反射性地增加，而此时小儿吞咽口水的能力尚未形成，过多的唾液就会不自主地从口角边流出，即习惯上所说的"流口水"，尤以1~2岁的幼儿多见，这个时期的流口水是一种正常的生理现象，父母不必为此担心，2岁以后的小儿吞咽口水的功能逐渐健全起来，这种现象就会自然消失。

由于唾液偏酸性，且含有一些消化酶和其他物质，对皮肤有一定的刺激作用，所以对经常流口水的幼儿，父母应当及时为他们擦去嘴边的口水，并常用温水洗净，然后涂上油脂，以保护下巴和颈

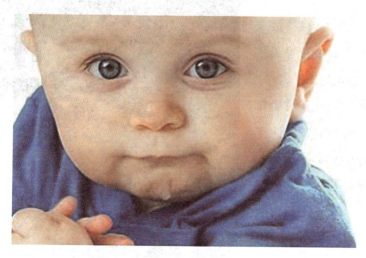

不可不知的生物知识

为什么紧张运动后，肌肉会抽搐？

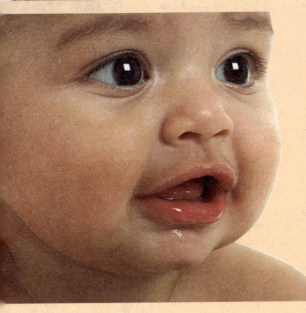

首先让我们来看看锻炼时身体会发生怎样的变化。在骨骼肌中，肌细胞从不单独收缩，而是以共同连接着从脊髓发出的某条运动神经的肌细胞群为单位一起收缩的。运动神经元与它所支配的肌细胞结合在一起叫做运动单位，在肌肉受到电脉冲信号刺激时，这些运动单位并不都是同时感到兴奋而产生收缩的。

事实上，运动单位是以极不同步的方式通过一串又一串从脊髓传向运动

部的皮肤，最好给孩子围上围嘴，防止口水弄脏衣服。给小儿擦口水的手帕，要求质地柔软，以棉布质地为宜，应经常洗烫，擦时不可用力，轻轻将口水拭干即可，以免损伤局部皮肤。

病态的流口水称为"流涎症"，多由神经系统疾患引起，如脑炎后遗症、延髓麻痹、脑瘫、面神经麻痹等，由于患儿吞咽功能障碍所致，此时应治疗原发病。另当小儿患口腔炎、牙龈炎时，由于炎症刺激，唾液腺分泌增加，导致流口水，而且会有臭味；当小儿患咽峡疱疹、扁桃体炎时，由于吞咽疼痛致患儿不敢吞咽，也会使患儿暂时性流涎，但随着原发疾病的恢复，流涎即会停止。

神经的电脉冲信号而产生兴奋的。因此，当一些运动单位在肌腹内收缩和缩短时，另一些就会松弛和伸长。运动单位之间动作的大量重叠就使得肌肉在整体上表现为平滑收缩。

紧张的训练致使一些运动单位因疲劳而失去原有的功能，这些疲劳区域能够合成和释放某种特殊的化学物质，以便将电脉冲传导到其他神经元或肌细胞中。当这种化学物质因合成和释放的速度赶不上肌肉运动的速度而大量减少时，就会出现生化意义上的疲劳。随着越来越多的运动单位因疲劳而暂时失去功能，肌肉的收缩就只能依赖于越来越少的运动单位，进而导致这些剩余的运动单位所产生的收缩和松弛总体上变得更加同步，最终使肌肉最初的平滑收缩变为断断续续的抽搐运动。不过，经适当休息之后，疲劳的运动单位恢复正常，肌肉就又可以产生平滑的收缩运动了。

为什么头发会脱落

正常人体大约有10万根左右的头发,每天脱落50~100根头发,这是属于正常现象。但如果超过100根,就是脱发病。

导致脱发的因素有许多,如遗传因素,如果父母之中有秃发者,则多数子女也可能发生秃发;精神刺激,长期疲劳或工作压力过重,精神受到强烈刺激,严重失眠会引起脱发;饮食因素:嗜食烟、酒、咖啡者容易脱发,因为酒内含有酒精,烟和咖啡含有尼古丁、咖啡因等麻醉成分,太多吸食使血管硬化,弹性减弱,影响血液循环,导致头皮供血不良,造成脱发。其中一些病理性因素引起的脱发最为常见,如急慢性传染病、各种皮肤病、内分泌失调、理化因素、神经因素、营养因素等,均可造成脱发。

在医学上,根据脱发患者的临床表现,可分为暂时性脱发和永久性脱发两大类。暂时性脱发是指因各种原因使毛囊血液供应减少,或者局部神经调节功能发生障碍,导致毛囊营养不良(但无毛囊结构破坏)而引起的脱发。经过对症治疗,待毛囊营养改善后,新发可再生,并有可能恢复原状。常见的暂时性脱发有斑秃、全秃、脂溢性脱发、病后脱发、药物脱发等。

人为什么会出汗

人为什么会出汗呢?这个问题看似简单,可要确切地回答出来,这就是一门学问了。

其实,人和动物出汗就如植物进行光合作用所蒸发的水分一样,是一种生理现象。在人的身上长有两种汗腺:分布在腋窝等处的大汗腺和遍布全身的小汗腺。当气温或体温升高时,人体通过这些汗腺蒸发出来的水分就是汗液。人身上的小汗腺约有200~500万个,平均一个指头那么大的皮肤就有120个,前额、鼻尖等部位的汗腺达180个以上,所以这些部位出的汗也就比较多,有时还能形成汗珠儿。

汗液是无色透明的,其中水分占99%以上。一般情况下,汗液主要是通过小汗腺分泌的,并且参与分泌活动的汗腺不多,排出的汗液也少到不易被人觉察,这种现象叫做不显性出汗。一个人一天一夜所发生的不显性出汗约为500~700毫升,而剧烈运动或在高温环境中工作的人,每小时可排汗1 000~3 000毫升,当然这种情况就是显性出汗了。由于人每天的不显性出汗就有500毫升以上,如果活动量增加,排汗就更多。这也是为什么有的人每天喝水不少而排尿不多的主要原因。

由于惊吓或者其他精神因素,会引

不可不知的生物知识

起交感神经兴奋,从而使额部、腋部、手掌、脚掌等处大量出汗。吃辛辣、热烫的食物会大汗淋漓,在医学上叫味觉性出汗,这是因为口腔黏膜、舌头等处的神经末梢和味觉器官受到刺激的缘故。

正常出汗,具有调节体温、滋润皮肤的作用。出汗可以挥发人体内的热量,保持体温的相对稳定和各组织器官的正常活动。在炎热的夏天,大量出汗可以降低体温,防止中暑,而冬天出汗较少,挥发的热量也就少,可以防止因体温降低而感到寒冷。同时,汗液中的乳酸能够软化皮肤角质层、抑制细菌生长,防止某些皮肤疾病的发生。由于出汗能排出部分尿素,所以对肾功能衰竭者还有一定的辅助治疗作用。但如果排汗过多,就会影响到体内的水分和盐类的平衡。我们看到运动员在比赛后,都要喝些淡盐水或含盐饮料,就是为了及时补充水分和盐分。

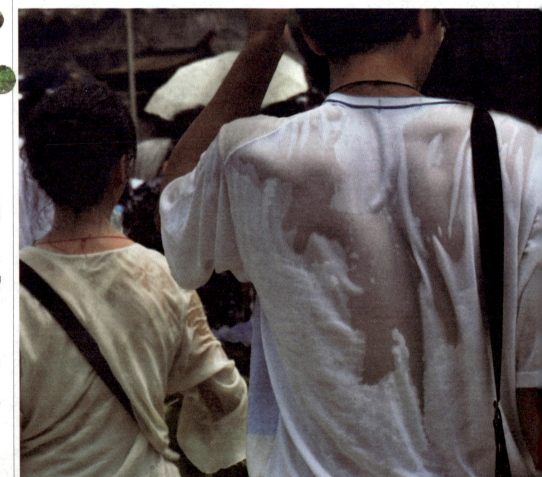

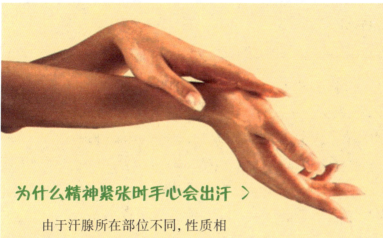

为什么精神紧张时手心会出汗

由于汗腺所在部位不同,性质相异和多寡不一,其对于感觉和心理刺激及对于热的刺激的反应也有所不同,汗腺分泌和排泄汗液根据刺激的种类可分为温热性出汗、精神性出汗和味觉性出汗。人在精神紧张时手心会出汗,即属于精神性出汗。

精神性出汗从刺激到发汗的潜伏期极短,只有数秒到20秒。所以在紧张、恐惧、兴奋等精神因素影响下,神经冲动从大脑皮质传递到手掌小汗腺部,乙酰胆碱的浓度升高,导致小汗腺分泌排泄活动短期内迅速增强,即产生手掌精神性出汗。也有学者认为另有精神出汗中枢,常保持有兴奋性,一加刺激后即产生反应性出汗。精神性出汗在掌跖处表现最为明显,也可见于手背、头面、颈部、前臂和小腿等处。少数人在高度精神紧张时,甚至会出现汗如雨下、汗流浃背、全身大汗情况。

不可不知的生物知识

人为什么会打嗝

打嗝,又叫打呃或呃逆,是一种极为常见的消化道受刺激的症状。

人为什么会打嗝呢?原来在人体的胸腔与腹之间,有一层横膈,也就是由肌肉组成的膈肌。它不但起到分隔胸腔与腹腔的作用,还具有辅助呼吸的功能。但当这块膈肌产生不正常的强烈收缩时,就会造成空气突然被吸进气管,因为同时伴有声带的关闭,所以会发出一种呃声。

那么,膈肌为什么会发生不正常的强烈收缩呢?这要从两根神经说起。支配横膈本身的是膈神经;支配胸腹部大部分内脏器官的是迷走神经。如果有什么不良刺激,例如进食太快,突然吃冰凉东西,迎风大口吸入凉风,吃东西太多太饱

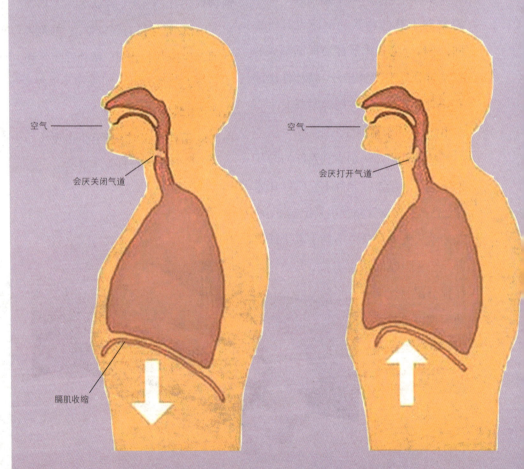

等，都可以刺激膈神经或迷走神经，结果通过一系列复杂的神经反射，引起膈肌不正常的强烈收缩，于是发生打嗝。

正常人发生打嗝大多是轻而短暂的，上腹部轻轻按摩，喝上一口温热茶水，用手捂一会儿鼻子和嘴，或者采用针刺疗法，打嗝一般很快会停止。个别顽固持久的打嗝，恐怕是由于疾病引起的，例如脑部疾病、腹腔内有感染等，则应请医生进一步检查与治疗。

科学家研究认为，打嗝动作可能是一些既有肺又有腮的动物防止水进入肺的一种机制，是动物从水生到陆生进化过程的残余现象。

据英国《新科学家》杂志报道，打嗝是人体吸气的肌肉突然收缩导致的。这些肌肉开始运动时，声门关闭气管，发出特殊的"嗝"声。超声波扫描发现，未出生的胎儿在有呼吸运动之前就会打嗝。

法国科学家在英国《生物评论》杂志上报告说，哺乳动物打嗝可能是某种原始反应的残余现象，通常在特定的大脑回路被激活时产生。

人类的打嗝动作与蟾蜍等动物的腮流通过程有很多相似之处。科学家们提出，打嗝可能是人类早期祖先的一种生理功能，而控制其中声门和腮动作的脑回路对产生其他一些复杂运动也有用。所以经几亿年的进化之后，它并没有被淘汰掉。

科学家们认为，胎儿打嗝很可能是哺乳动作的一种早期体现，就像幼儿学会走路之前先学会爬一样。婴儿吮吸乳汁的动作与打嗝非常相像，在肌肉运动时声门关闭，以防止乳汁进入肺部。

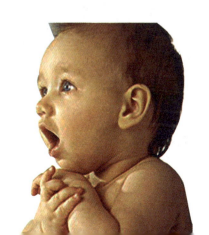

119

不可不知的生物知识

人为什么会"上火"

人为什么会"上火"？为什么有些人经常"上火"而治疗效果不佳？由广州中医药大学"中药抗生素"实验室开展的中医治疗"上火"课题研究取得了突破性进展——提出"三级靶向"理论，破解人体"上火"之谜。

中医治疗上火"三级靶向"理论，是对古代中医金元四大家之一的朱丹溪"滋阴"学说的继承和发展。该学说认为人体"阳常有余，阴常不足"，所以治病应以滋阴降火为主。"三级靶向"理论认为，人体的生命之水——阴液可以分为3个层次：津、阴和精。"津"浓度小，流动性大，如汗液、唾液等。它好比最外面的保护层，既容易损失，也容易补充。例如，人们夏天活动出汗，就会口渴，这其实就是轻度的"上火"，是因为"津"缺少所致，喝些水就可以补充过来。然而，真正需要治疗的其实是"阴"的缺少所导致的上火。有些人频频上火，而治疗效果又很差，其原因就在于"阴"的缺失。"上火"如果治疗不及时，或频频反复上火，就会损伤到人体的最核心的阴液部分——"精"。"精"与人体的免疫力、抗病能力等密切相关，如果"精"受到损伤，则频频发生的不仅仅是上火，还有诸如感染性疾病、肾炎、癌症等也会相继而至。

研究表明，阴虚的人因为体内阴液缺少而容易导致体内"火灾"的发生，正如干柴比绿树更容易着火一样。反过来也如此，如果某人上火越多，说明他体内阴液缺少得越厉害，"火灾"的危险性和危害性更大。根据这一"三级靶向"理论，中医治疗"上火"关键的一环是"滋阴"。采用具有"滋阴"功效的中药来补充体内的阴液才是治本之策。然而，有专家指出，目前市面上出售的大多数"去

火"类中药并没有"滋阴"的功效,因而只能起到"灭火器"的作用,即只能从外围扑火,而不能从内部清除"火源"。这好比斩草不除根,"春风吹又生"。也有少数药品为了增加止渴功能,加入了一些生津的药物,但终究杯水车薪,难灭体内熊熊烈火,或即使暂时压制住火势,一旦受到心理刺激,或进食辛辣和容易上火的食物,就会死灰复燃。所以说,只有针对中医学的不同靶位而设计的中药处方,才能做到清源固本,内外兼治。

不可不知的生物知识

人为什么要经常眨眼

眨眼是一种快速的闭眼动作，称为瞬目反射。通常分为两种，一种为不自主的眨眼运动；另一种为反射性闭眼运动。不自主的眨眼运动，除炎症及疼痛刺激外，通常没有外界刺激因素，是人们在不知不觉中完成的。据统计，正常人平均每分钟要眨眼十几次，通常2~6秒就要眨眼一次，每次眨眼要用0.2~0.4秒钟时间。不自主眨眼动作实际上是一种保护性动作，它能使泪水均匀地分布在角膜和结膜上，以保持角膜和结膜的湿润，眨眼动作还可使视网膜和眼肌得到暂时休息。这种不自主眨眼动作的起因，目前还不太清楚。有人认为是人类高度进化的表现。反射性闭眼运动是由于明确的外界原因通过神经反射引起的。

一般有3种形式：

（1）由于灰沙突然进入眼睛就会迅速闭眼，并有眼泪流出，这是因为灰沙刺激角膜和结膜神经末梢，反射所引起的，叫角膜反射。

（2）如果强光照射眼睛，也会引起闭眼动作，这是由于强光刺激视网膜引起的，叫眩光反射。眩光反射一旦消失，往往标志着中脑损害。

（3）恫吓反射，是指异物或一件东

西突然朝眼睛袭来，使其大吃一惊，就会迅速闭眼并把头躲开，这是一种保护性反射。

以上3种眨眼动作都是眼球的保护性运动，一旦这些反射消失了，应该及时到医院检查，看看眼睛或大脑出了什么毛病。另外，眨眼次数过多，占的时间也相应增加，这对从事某些特殊专业的工种不利，不便于精力高度集中和适应快速变化的情况。还有一种眨眼过多是习惯养成的，有的是由于眼肌或神经系统病变引起的，遇到这种情况要及时到医院诊治。

不可不知的生物知识

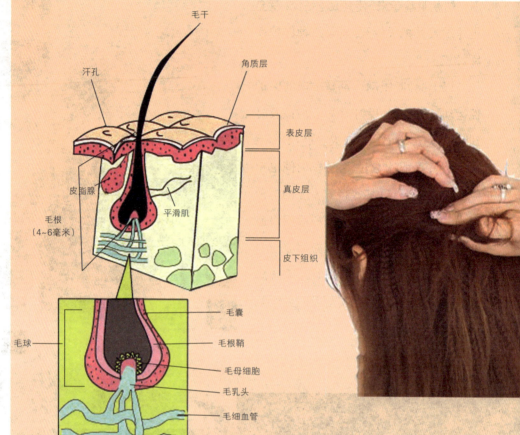

人为什么会长头发

人体作为一个整体系统,自己有自己的独立光子信息,人体存在的时候,自己的光子信息并不是自己完全吸收,而是要向空间辐射,特别是自己的头部四肢,它是人体光子信息向空间辐射的主要地方,也就是说四肢与头部向空间辐射自己光子信息的时候,一是这个区域的光子信息能量密度比较大,二是它们代表了光子信息的流向,所以人会长头发和指甲。

不仅如此,在人体的其他部位,特别是光子信息能量密度比较大的地方,也就是重要穴位的地方,通常也会长出毛发。

胖人为什么更易饥饿

肥胖的人整天要吃,好像总也吃不饱。为什么肥胖的人群容易饿?是真的没吃饱吗?

原来人的饥饿感和饱腹感是由人脑调节控制的。在人的下丘脑中,有控制食欲的神经中枢,分为饱腹中枢和摄食中枢两部分。葡萄糖和游离脂肪酸是刺激这两个中枢的物质。当吃完饭后,血中的葡萄糖增多,饱腹中枢因受到刺激而兴奋,人就产生饱腹感,不想再吃了。当血中葡萄糖减少时,机体分解脂肪来供应能量,这样血中的游离脂肪酸增多,刺激摄食中枢,于是产生饥饿感。

单纯性肥胖症可由脂肪细胞数增多,脂肪细胞增大或细胞内脂肪含量增加而引起。肥胖症多属脂肪细胞数增多了,其细胞数可为正常儿童的3~4倍,同时脂肪细胞可有不同程度的肥大,细胞内脂肪含量亦增多。肥胖者往往血浆中胰岛素、脂肪酸、三酰甘油、氨基酸的浓度增高。

可能是因为肥胖者对胰岛素有抵抗性,导致高胰岛素血症,从而使肝内三酰甘油合成,细胞数增多。同时,血液中胰岛素、三酰甘油和游离脂肪酸的增加,使进食中枢一直处于受刺激状态,所以胖人总有饥饿感,导致饮食过度。结果越吃越胖,越胖越吃,造成恶性循环。

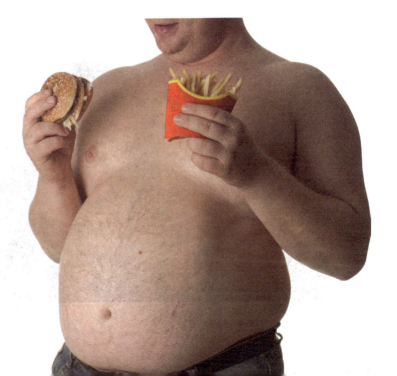

人为什么会发笑

对于这个问题,学者们做了各种各样的解释,下面就列出了一些典型的说法,仅供参考。

法国哲学家伯格森说,笑是"生气的机械化"。人的生命生机勃勃,人的行为机敏灵活;但当一个人变得呆头呆脑,行为木然时,他就可笑了。

德国哲学家康德认为笑是希望的消失,"一种紧张的期望突然归于消失,于是发生笑的情感"。

美国的杜威主张自由说,认为笑是人的心境由紧张走向松弛。

英国的帮恩说,"笑是严肃的反动,我们常常觉得现实世界中的庄严堂皇是一种紧张的约束,如果突然之间脱去这种约束,立刻就觉得喜上眉梢,好比小学生放学时的样子。"

英国心理学家麦孤独认为幽默是一种本能(他是本能心理学家,难怪把什么都解释成本能),人有了这种本能才能以快乐的态度来处理事情,即使在失意时,也能处之泰然、一笑了之。

奥地利精神分析学家弗洛伊德认为诙谐是开玩笑(弗老先生也特别爱用本能这个词,不过在这里并没有用),因为社会的清规戒律很多,禁止人们"胡说八道",只好开个小洞,说个笑话来解除压抑。

为什么有的人眼球是蓝色的

为什么有的人眼球是蓝色的？据英国《每日电讯报》报道，这是由一场发生在1万年前的基因突变引起的。

负责进行这项研究的哥本哈根大学教授汉斯·艾贝格尔表示："最开始的时候，大家的眼睛都是棕色的。"这些蓝眼睛人的祖先很可能来自黑海地区东部或者西北部，那里的人类在6000到1万年前的新石器时代发起了一场大规模的农业迁徙运动，迁到了欧洲北部。

艾贝格尔认为，蓝眼睛人的祖先很可能来自阿富汗北部。他指出，基因突变影响了一种被称为OCA2的基因，随后这些人的眼球就从棕色变成了蓝色。OCA2基因负责制造蛋白质供应人类头发、皮肤和眼睛的颜色。不过这次基因突变并未使得OCA2的功能全部丧失，只是因为黑色素减少，这些人的眼球颜色从棕色"稀释"成了蓝色。

艾贝格尔的研究成果发表在《人类遗传学》杂志上。他所领导的研究小组对约旦、印度、丹麦和土耳其等国家的蓝眼睛人群进行了DNA分析。

艾贝格尔说："这些人的DNA遗传了相同的变异，因此我们认为他们拥有相同的祖先。"

不可不知的生物知识

女人为什么愿意忍受高跟鞋

高跟鞋非常不舒服,并且会让步行变得更加困难。长期穿高跟鞋还会导致足部、膝盖和背部受损。然而,女人为什么还一直喜欢穿它们呢?对此简单回答似乎是,穿高跟鞋的女人更能吸引别人的注意。简·奥斯汀在《理智与情感》中把女主人公埃莉诺·达什伍德描述成是一位"温柔贤淑、五官端正、非常漂亮的女孩。"但是奥斯汀把达什伍德的妹妹描述成是一位"浪漫热情的人,她的外貌(别人认为她的外貌没有姐姐那么端庄,身高比姐姐稍占优势)更加惊人。"

高跟鞋除了让女人看起来更高以外,它还迫使背部呈弧形,促使女性挺胸翘臀,从而突出了女人的外表特征。时尚历史学家卡罗琳·考克斯写道:"男人喜欢女人的外表夸张一些。"然而问题是,如果所有女人都穿高跟鞋,这种优势就有可能会消失。毕竟身高是一种相对现象。身材较高的人,或者至少不比别人矮几英寸的人,比其他人更占优势。但是当所有人都穿上高跟鞋,让自己看起来比原来高了几英寸,相对的高度区别就没有什么影响了,没有人看起来更高,所有人都像穿着平底鞋。如果女人能一起决定穿什么鞋,她们都会同意不穿高跟鞋。但是因为任何一个人都能从穿高跟鞋中获得优势,所以这种一致意见很难达成。

为什么有些孩子说话晚

正常情况外，引起语言发育迟缓最常见的原因是智力低下。智力与语言有极为密切的关系。智力低下的小儿不能注意别人对他说什么，精神不能集中，模仿能力也差，不能表达和理解词的意义。有时虽然也能说清楚某个词，但不久又忘掉了。

听力缺陷也会影响语言的发育。严重听力丧失的小儿无法学习说话，听力丧失不太严重时，还可以看到别人的口唇动作学着发音。口形变化明显的容易学，如"波、夫、呜"等；但对一些依靠舌头运动发出的声音，如"哥、了"，学起来就困难了。若在会说话以后出现听力障碍，一般不会影响说话。

家族因素与说话早晚也有关系。有些孩子智力发育正常，又没有听力障碍，也没有找到其他疾病，就是说话晚，这种情况可能与家族遗传有关，其父母小时说话可能也比较晚。一般来说，幼儿的口腔疾患，如唇裂、腭裂、舌系带过长等，都不会造成说话迟缓，在未修补前，仅仅影响语音的清晰程度。

不可不知的生物知识

 成语巧学生物学

千篇一律——细胞的有丝分裂，其特点是染色体复制和均分。正常情况下，不论细胞分裂多少次，染色体数目不变，保证了亲子代遗传性状的稳定。

改头换面——胚后发育中的变态发育，能够在短时间内形成一个与幼体面目全非的自己。

一分为二——有丝分裂后期，着丝点分裂，染色体数目加倍。

华而不实——植物体缺少元素硼而出现的现象。缺硼时，花粉发育不良，植物虽开花，却不能授粉，很难形成种子。

时隐时现——连续分裂的细胞，染色体和染色质形态的变化。

吞吞吐吐——细胞内吞作用和外排作用，是大分子和颗粒性物质进出细胞的方式。

无中生有——光合作用中的物质变化，绿色植物能把二氧化碳和水（无机物）合成为有机物糖类。

根深叶茂——根深才能充分吸收水和矿质离子，使二者最大限度地参与生命活动，保证植物茁壮成长。

瞬息万变——新陈代谢，即生物体内数量众多、反应迅

速的化学变化。

川流不息——高等动物和人的循环系统，负责运送各种营养物质和代谢废物。

津津有味——唾液中淀粉酶的作用，能把淀粉分解成麦芽糖而使味蕾感觉到甜味。

移花接木——植物的营养生殖方式。通过扦插、嫁接等方式来繁殖花卉和果树。

不攻自破——卵生生物的个体发育。是指胚胎发育到一定阶段后，幼体破壳而出，进入胚后发育。

无师自通——动物的先天性行为。包括趋性、非条件反射和本能。

六亲不认——动物后天性行为中的印随。例如，刚孵化的小天鹅，会紧跟它所看到的第一个大的行动目标(可以不是双亲)。

惊弓之鸟——鸟类的条件反射。

画饼充饥——人的条件反射。

开花结果——开花受粉后形成种子，种子产生生长素促进果实的发育。

供不应求——异化大于同化。如人的甲状腺功能亢进。

言传身教——高等动物和人的后天性行为，使个体通过学习和经验积累以更好地适应环境和社会。

不可不知的生物知识

一枝独秀——植物的顶端优势，即顶芽优先生长而侧芽受到抑制的现象。

红杏出墙——植物的向光性。生长素在背光侧比向光侧分布多，使枝条朝向光源一侧生长和弯曲。

失之交臂——在减数分裂中，同源染色体在四分体时期的交叉互换，是基因不完全连锁遗传规律的理论依据。

独一无二——每种生物的遗传物质。地球上生物多样性的根本原因是遗传多样性。

良莠不齐——基因突变。突变是不定向的，既能产生有害变异，也会出现有利变异。

患得患失——染色体数目的变异。对人而言，有性腺发育不良（少一条X染色体）和先天愚型（多一条21号染色体）等遗传病。

内忧外患——生存斗争。

枯木逢春——温度等生态因素对生物的影响。

恩将仇报——种间关系中的寄生。

弱肉强食——种间关系中的捕食。

东施效颦——拟态。我不是我自己。

作茧自缚——适应的相对性。

党同伐异——种内互助和种间斗争。

自相残杀——种内斗争。

同心协力——种内互助。

哀鸿遍野——环境污染给生物带来的危害。

饮鸩止渴——水污染带来的危害。如果得不到及时治理，人将自食其果。

劫后余生——动物的细胞培养中，个别细胞经原代培养，到传代培养，历经两次劫难，才有可能变成癌细胞，成为"不死细胞"。

毛骨悚然——交感神经兴奋，皮肤立毛肌收缩，骨骼肌不由自主地战栗。

自给自足——自体移植。如皮肤移植，能减少组织相容性抗原引起的排斥。

狭路相逢——受精作用。即精子和卵细胞在输卵管的壶腹部相遇并结合，形成受精卵的过程。

差之毫厘，谬以千里——细胞的亚显微结构，各种细胞器之间的结构差异决定了其功能的独特性。

螳螂捕蝉，黄雀在后——生态系统中的食物链。

顺我者昌，逆我者亡——自然选择。即适者生存，不适者被淘汰。

近朱者赤，近墨者黑——保护色。我不在这里。

同甘共苦，生死与共——种间关系中

的共生。

为渊驱鱼，为丛驱雀——建立自然保护区，使珍稀生物有立足之地，能各得其所。

他山之石，可以攻玉——转基因技术。如我国科学家将某种细菌的抗虫基因导入棉花，培育出抗棉铃虫效果明显的棉花新品系。

牵一发而动全身——食物链中每种生物都有其重要地位。一种生物的数量发生变化，整个食物链都会受到影响。

图书在版编目（CIP）数据

不可不知的生物知识/于川，张玲，刘小玲编著.
—北京：现代出版社，2012.12 （2024.12重印）
ISBN 978-7-5143-0901-0

Ⅰ.①不… Ⅱ.①于…②张…③刘… Ⅲ.①生物 –
青年读物②生物 – 少年读物 Ⅳ.①Q-49

中国版本图书馆CIP数据核字(2012)第274865号

不可不知的生物知识

作　　者	于　川　张　玲　刘小玲
责任编辑	袁　涛
出版发行	现代出版社
地　　址	北京市朝阳区安外安华里504号
邮政编码	100011
电　　话	(010) 64267325
传　　真	(010) 64245264
电子邮箱	xiandai@cnpitc.com.cn
网　　址	www.modernpress.com.cn
印　　刷	唐山富达印务有限公司
开　　本	710×1000　1/16
印　　张	8.5
版　　次	2013年1月第1版　2024年12月第4次印刷
书　　号	ISBN 978-7-5143-0901-0
定　　价	57.00元